**Business**Village

Angela Dietz

# MACHT OHNE MACHTWORT

## Verantwortung übernehmen
## Potenziale entfalten

BusinessVillage

Angela Dietz
**Macht ohne Machtwort**
Verantwortung übernehmen – Potenziale entfalten
1. Aufage 2015


**Bestellnummern**
ISBN 978-3-86980-325-8 (Druckausgabe)
ISBN 978-3-86980-326-5 (E-Book, PDF)

**Bezugs- und Verlagsanschrift**
BusinessVillage GmbH
Reinhäuser Landstraße 22
37083 Göttingen
Telefon: +49 (0)5 51 20 99-1 00
Fax: +49 (0)5 51 20 99-1 05
E-Mail: info@businessvillage.de
Web: www.businessvillage.de

**Satz und Layout**
Sabine Kempke

**Druck und Bindung**
Kösel GmbH & Co. KG, Altusried-Krugzell

# Inhaltsverzeichnis

# 1.
# Einleitung: Macht macht

*»Willst du den Charakter eines Menschen erkennen, so gib ihm Macht.«*

Abraham Lincoln (1809–1865), 16. US-amerikanischer Präsident

Was meinte der 16. Präsident der Vereinigten Staaten, als er das sagte?
Wir zollen Menschen Respekt, die ihre Macht sinnvoll zum Wohle aller einsetzen. Dann sind wir dankbar, dass diese Menschen Verantwortung übernehmen, Entscheidungen treffen, Dinge voran bringen. Wer dagegen mit Personen, die Macht verkörpern, unschöne Erfahrungen gemacht hat, dem flößt Macht eher Angst und Argwohn ein. Man begegnet mächtigen Menschen dann wohl eher abwartend und prüfend ja sogar unterwürfig denn mit Augenhöhe und Vertrauen. Wer Macht hat und diese selbstherrlich einsetzt, sie also missbraucht, oder auch gar nicht nutzt, verliert die Loyalität und die Wertschätzung seiner Mitarbeiter, Schüler, Partner, Kinder und Kunden – am Ende kostet dieses Verhalten oftmals Zufriedenheit, Zusammenhalt, Erfolg.

Macht per se ist also sicher nicht negativ.

Wie wir Machthabende bewerten, hängt entscheidend davon ab, wie verantwortlich jemand mit den ihm zur Verfügung stehenden Handlungsmöglichkeiten umgeht.

Verantwortungsvoll genutzte Macht gestaltet Entwicklung, trifft Entscheidungen, wird zum Katalysator für alle Beteiligten. Menschen, die Handlungsmöglichkeiten oder Entscheidungsgewalt besitzen, sich aber nicht zutrauen, diese zum Vorwärtskommen im Sinne und zum Wohle aller zu nutzen, setzen mit dem eigenen Verhalten des Aussitzens und Abwartens so manchen Team- beziehungsweise Unternehmenserfolg oder auch Familienfrieden aufs Spiel.

Zunächst einmal sind Menschen, die aufgrund ihrer Position, ihres Geldes oder eines Amtes andere bestrafen oder belohnen können und Entscheidungen treffen, die Auswirkungen auf andere haben, Machthaber, Führende oder Chefs. In Gesprächen höre ich zum Beispiel häufig, dass sich Menschen über Missstände in Politik und Wirtschaft beschweren und dabei von den Mächtigen sprechen. Ich halte es für wichtig, auch meinen eigenen Anteil an der Zuschreibung von Macht und der Benennung von Verantwortlichen zu klären: Wem schreibe ich selbst Macht zu, wem übertrage ich Verantwortung und damit auch Macht? Welchen Einfluss habe ich selbst und wie viel gebe ich an andere ab? Wo ist meine Verantwortung, wo die des anderen?

Der Ausspruch von Abraham Lincoln lässt darauf schließen, dass ein Mensch ab dem Moment der Ermächtigung sein wahres Gesicht zeigt. Er offenbart seine Überzeugungen, seine Ziele – welcher Art auch immer sie sein mögen.

Wer etwas voranbringen möchte, braucht Macht. Wer machtlos ist, also weder Entscheidungen treffen noch Veränderungen umsetzen kann, tritt auf der Stelle – er ist *ohnmächtig*, also *ohne Macht*. Wer Macht hat, hat die Möglichkeit das zu forcieren, was er für bedeutsam hält.

Macht hilft Menschen dabei zu gestalten, die eigenen Bedürfnisse erfüllt zu bekommen – zu erreichen, was ihnen wichtig ist. Das Gleiche gilt für die Macht einer Gruppe von Menschen, die gemeinsame Ziele verfolgen. Es ist also durchaus verständlich, dass Macht für viele als erstrebenswert gilt.

Umso erstaunlicher ist es, dass Unternehmen und Institutionen – in Person also Vorstände, Chefs, Direktoren und Führungsverantwortliche – nicht schon länger daran interessiert sind, ihre Mitarbeiter und Mitglieder stärker zu ermächtigen. Möglicherweise steht dahinter die Sorge, dass diese Menschen nicht verantwortlich mit ihrer Macht umgehen werden.

## 1.1 »Macht über andere« und »Macht miteinander«

Gesundes Kommunizieren und Führen trifft eine Unterscheidung zwischen zwei grundsätzlichen Strategien des Umgangs mit Macht:

»Macht über andere« und »Macht miteinander«.

Macht ist oftmals negativ konnotiert. Denken Sie nur an die Assoziationen, die Sie mit folgenden Begriffen haben: Machtkampf, Machthunger, Machthaber, Machtprobe, mächtig, machtlos, Machtmissbrauch.

Wenn die Macht Strukturen (nach oben, unten, quer) hat, kann ich mit Macht Einfluss ausüben – persönlich und durch die Struktur, die mich in meinem Tun unterstützt. Wenn Strukturen erkennbar sind, sprechen je nach Kontext manche von Verlässlichkeit, Dienstwegen, politisch korrektem Vorgehen oder einer Erziehungsrichtung. Wenn keine Strukturen erkennbar sind, nennt man dies in der Pädagogik »Laisser-faire«. In strukturlosen Zusammenhängen begegnen wir auch Begriffen wie »ad hoc«, »beliebig«, »zufällig«. Das Gegenteil hierzu, ein extrem durchstrukturiertes Machtsystem, fanden wir fein getunt par excellence bis 1989 direkt vor unserer Haustür: In der damaligen DDR gab es ein knallhartes strukturelles Machtgefüge von ganz oben nach ganz unten. Interessen wurden durch Druck, Strafen, Folter, Freiheitsberaubung et cetera von oben herab durchgesetzt.

Mary Parker Follett hat, ohne dabei konkret von Macht zu sprechen, eine wichtige Aussage zur Adaption von Macht zu Führungszwecken getroffen: »Es gibt drei Wege/Möglichkeiten Unterschiede zu handhaben – Dominieren, Kompromiss, Integration. Beim Dominieren/ Durchsetzen gewinnt nur eine Seite, beim Kompromiss bekommt keiner wirklich, was er möchte, bei der Integration finden wir einen Weg, bei dem beide Seiten gewinnen.«

Die negativ konnotierten Formen von Macht sind Macht-über-Strategien. Macht, die eingesetzt wird, um gemeinsam Ziele zu erreichen und integrativ zu führen, nutzt sogenannte Strategien der »Macht miteinander«. Ich möchte in diesem Buch auf die Positionsmacht – also die Macht, die jemand qua seiner Position in einem System oder in einer Struktur hat – und auf die persönliche Macht eingehen, die jeder hat, um »Macht über andere« oder »Macht miteinander« zu leben.

## »Macht über«

Mehr Menschen als mir lieb ist, werden heute noch immer Opfer von Macht-über-Entscheidungen in Familien, Schulen, Politik oder beruflichen Kontexten. Sie leiden unter Macht, die ohne Verantwortung oder ohne Einbeziehung der Betroffenen genutzt wird, um sich durchzusetzen. So werden Verlierer und Gewinner produziert, während einige wenige ihre Interessen auf Kosten anderer realisieren. Diese wenigen tragen Einstellungen, Überzeugungen und Denkweisen in sich, die ihren Umgang mit anderen prägen: dass Menschen Druck und Kontrolle brauchen, da sie freiwillig nichts, zu wenig oder mindere Qualität liefern; dass man ihnen nicht zu viele Informationen geben darf, weil sie damit nicht umzugehen verstehen; dass der Machthaber schon am besten weiß, was gut für andere ist; und dass Menschen sich leichter lenken lassen, wenn sie unwissend, unmündig und nicht zu selbstbewusst sind.

Diese Einstellung und Geisteshaltung beschrieb der damalige Professor am Michigan Institute for Technology (MIT) Douglas M. McGregor bereits 1960 in seinem Buch *The Human Side of Enterprise* (deutsche Ausgabe: *Der Mensch im Unternehmen*, Econ 1973). Er konstatierte, dass zwei unterschiedliche Menschenbilder/Annahmen über Verhaltensweisen und Einstellungen von

Mitarbeitern das Verhalten der Manager beeinflussen. Er nannte diese unterschiedlichen Menschenbilder »Theorie X« und »Theorie Y«. Theorie X geht davon aus, dass der Mensch von Natur aus faul ist und Arbeit bestmöglich aus dem Weg zu gehen versucht. Dieser Menschentypus lässt sich nur durch extrinsisch orientierte Maßnahmen zum Arbeiten bewegen. Mit anderen Worten: Zuckerbrot oder Peitsche, Belohnung oder Abstrafung, Lob oder Abwertung. In der Theorie X sah McGregor die implizite Grundlage einer streng dominanzhierarchischen Betriebsführung.

Was diese Haltung gegenüber Mitmenschen für die Kommunikation in Unternehmen und Institutionen bedeutet, liegt auf der Hand: Sie lässt sich, als klassische vertikale Anweisungs- oder Gehorsamskultur beschreiben, wie mancher sie in extremer Form wohl aus dem Militär kennt. Reiht sich der Mensch widerstandslos ein, darf er Lob erwarten oder hat zumindest keine Schwierigkeiten zu befürchten. Weicht er mit seinem Verhalten und seinen Handlungen von der geforderten Linie ab, sagt also Nein, drohen Nachteile oder Druck.

Als Widerpart zur Theorie X führt Douglas M. McGregor in *The Human Side of Enterprise* die Theorie Y ein – und macht keinen Hehl daraus, dass er diese Typisierung als

Führungshaltung im Unternehmen bevorzugt. Die Theorie Y beruht im Gegensatz zur Theorie X auf der Annahme, dass der Mensch von Natur aus, also von Geburt an, lernwillig, ehrgeizig und damit intrinsisch motiviert ist, Dinge zu tun beziehungsweise zu lernen. Um aus seiner Sicht sinnvolle Ziele zu erreichen, legt der Mensch sich durchaus bereitwillig strenge Selbstdisziplin auf. Arbeit sieht er nicht als notwendiges Übel, sondern als Quelle der Zufriedenheit. Dieser Typ Mitarbeiter hat Freude an seiner Leistung, trägt ein natürliches Selbstbewusstsein in sich und ist aufgrund seiner Eigenmotivation sehr wohl zu kreativen Lösungen imstande.

Dieses Menschenbild der Theorie Y weist große Ähnlichkeit mit der Grundannahme der Gewaltfreien Kommunikation (GFK) auf, die besagt, dass Menschen gerne etwas für andere tun, wenn sie es denn freiwillig tun und dass Menschen bei allem, was sie tun, versuchen, sich ein eigenes Bedürfnis zu erfüllen, nie aber anderen schaden wollen. Das Modell des Gesunden Führens orientiert sich klar am Y-Typus: Menschen brauchen nicht Belohnung oder Bestrafung, um Leistung zu bringen, sondern ein offenes Umfeld, Kommunikation auf Augenhöhe und die Ermächtigung seitens der Führung, sich selbst motiviert einzubringen. Mit anderen Worten: Menschen brauchen Vertrauen und emotionale Sicherheit.

| Theorie X | Theorie Y |
|---|---|
| Der durchschnittliche Mensch ist faul, lehnt die Arbeit ab und versucht so wenig wie möglich zu tun. Wie es der gesamten Organisation geht, ist ihm gleichgültig. | Menschen sind leistungsbereit. Wenn sie die Chance haben, tun sie das, was für sie selbst, andere und die Organisation gut ist. |
| Um sicherzustellen, dass die Mitarbeiter hart arbeiten, müssen die Manager sie engmaschig überwachen. | Um den Mitarbeitern zu ermöglichen, im Interesse der Organisation zu arbeiten, ist es Aufgabe der Vorgesetzten beziehungsweise Manager, ein Arbeitsumfeld zu schaffen, das den Mitarbeitern Gelegenheit bietet, initiativ zu werden und selbstständig zu handeln. |
| Die Manager müssen strenge Arbeitsregeln aufstellen und ein genau festgelegtes System von Belohnungen und Sanktionen einrichten, um die Mitarbeiter zu kontrollieren. | Die Manager geben Autorität ab, Regeln sollen allen Beteiligten bestmöglichst dienen. Mitarbeiter arbeiten hoch selbstverantwortlich. |

Die negative Einstellung des Managements zu den Mitarbeitern in der Theorie X führt zu Aktionen, Reaktionen und Verhaltensweisen, die diese Einstellung bestätigen. Aber ebenso führen die gesteigerten Handlungsspielräume der Mitarbeiter durch die Theorie Y zu deren Bestätigung und Verstärkung (Prinzip der Selffulfilling Prophecy).

Damit ein Unternehmen von Theorie X zu Theorie Y kommt, ist eine tief greifende Veränderung im Denken und Handeln der Führung notwendig.

Die Grundannahme, dass Menschen grundsätzlich intrinsisch motiviert sind, gern arbeiten, Spaß an Leistung haben und deshalb ein Grundvertrauen in ihre Fähigkeiten und Motive von ihren Vorgesetzten oder Erziehungsberechtigten sinnvoll und dienlich ist, ist also seit 1960 in Management- und Führungstheorien thematisiert worden.

Es bleibt die Frage: Warum beruht Führung in vielen Unternehmen, Schulen und leider auch in mancher Familie mehr als ein halbes Jahrhundert später noch immer deutlich stärker auf den Annahmen, die dem X-Typus zugrunde liegen? Warum wird in vielen Firmen noch immer kommuniziert, als sei ein Unternehmen kein gesunder Organismus, in dem jede Zelle wichtig für den Gesamterfolg ist, sondern ein kopflastiges System, das besser durch Einbahnstraßenkommunikation, Anweisungen von oben, also »Macht über«, dirigierbar sei?

Und warum verlangen so viele Mitarbeiter sogar nach genau dieser Form der Kommunikation und fördern diese Haltung noch durch ihr eigenes Verhalten? Warum nur gibt es offensichtlich auf beiden Seiten Vorbehalte gegenüber einer Macht-miteinander-Denkhaltung?

Antworten darauf finden sich meines Erachtens in unserer Geschichte, unseren Herrschafts- und Gesellschaftssystemen, in der Religion, unserer kollektiven Lebenserfahrung. Jahrhundertelang hatten Herrschende und Mächtige kein Interesse an der Mitsprache anderer, an Informationsweitergabe, Aufklärung, Augenhöhe. Die Untertanen, Angestellten, Kinder oder Schüler hatten zu funktionieren und sollten gehorchen – nicht mitdenken und hinterfragen, geschweige denn mitentscheiden. Angst war und ist dafür ein probates Mittel.

Noch immer kenne ich zu viele Kontexte, in denen es mir bei näherer Betrachtung auch heute noch an Augenhöhe und gegenseitiger Wertschätzung mangelt. Bis heute wird vielerorts versucht, Schüler, Mitarbeiter, Lieferanten oder Familienangehörige durch Unaufrichtigkeit, Benachteiligung, Bloßstellung, Belohnung, Beachtung oder Nichtbeachtung zu brav funktionierenden Mitmenschen zu erziehen. Mir wird in diesen Kontexten von allen Betroffenen zu viel Energie in konkurrierendes Denken, Abgrenzung und Gegeneinander, beziehungsweise Schleimen und Devotsein denn in konstruktives Miteinander, Verstehen und aufrichtiges Für-sich-Einstehen investiert.

## 1.2 Arbeitsscheu, bequem, denkfaul – Die klassischen Feindbilder

Was wird uns nur als Kind in der eigenen Familie, im Bildungssystem, durch die Medien oder später im Arbeitsumfeld vermittelt, dass jemandem im Laufe des Lebens der innere Antrieb und die Begeisterung für freiwillige Leistungsfähigkeit so weit abhanden kommen kann, dass er als arbeitsscheu, desinteressiert, bequem oder denkfaul gilt?

Wann immer ich in Seminaren oder bei Vorträgen Menschen nach ihrer Wahrnehmung von Kollegen frage, bekomme ich folgendes Bild: Jeder scheint Menschen (übrigens auf allen Ebenen und in unterschiedlichsten Funktionen) zu kennen, die er oder sie als faul, demotiviert oder leistungsscheu bezeichnet; Menschen, die Macht-über-Verhaltensweisen dringend brauchen, um zum Arbeiten bewegt zu werden.

Diese Bewertungen ignorieren allerdings die Natur des Menschen: Wir sind von Natur aus lern- und leistungsbereit. Jeder hat wertvolle Potenziale in sich. Was hat die uns innewohnende motivierte, interessierte und leistungsbegeisterte Programmierung bei diesen Menschen zwischen ihrer Geburt und dem heutigen Tag überschrieben? Was macht sie zu Bereichs- oder Abteilungsleitern, Mitarbeitern, Kollegen, Schülern, Freunden oder auch Familienmitgliedern, die so wahrgenommen werden und sich freiwillig von nicht förderlichen Macht-über-Strategien steuern lassen, ohne diese zu hinterfragen?

Und noch viel wichtiger: Wie können wir das ändern?

Wie können wir durch neue, achtsamere Kommunikation und Selbstführung wieder zu unserer Natur finden und freiwillig mit Freude und Begeisterung einen Beitrag für ein gemeinsames Ziel für den Unternehmens- oder Teamerfolg leisten? Wann trauen wir uns, für uns einzustehen, nachzufragen und um das zu bitten, was wir und andere brauchen?

*»Du musst der Wandel selbst sein, den du in der Welt sehen möchtest.«*

Mahatma Gandhi (1869–1948), indischer Widerstandskämpfer

# 2.
# Wachstumshierarchie statt Dominanzhierarchie

In den althergebrachten sogenannten Dominanzhierarchien setzen Machthabende Macht-über-Verhaltensweisen gezielt ein, um Menschen leichter führ- und lenkbar zu halten. Die Machthabenden dieser Kultur haben kein Interesse an mitdenkenden Personen, vielmehr erleichtert es ihre Führungsaufgabe, wenn etwas Angst vorherrscht und die Geführten möglichst wenig wissen, nachdenken oder nachfragen. So bietet man als Oberhaupt beispielsweise nicht die notwendigen Informationen, Ausbildungen oder Einblicke, die sie bräuchten, um Vorgehensweisen oder Entscheidungen zu verstehen. So entstehen Abhängigkeiten und wunderbar lenkbare Personen.

Genauso funktioniert es, wenn Menschen sich selbst dafür entscheiden, einen großen Teil ihrer Freizeit mit Ablenkungen, Filmen, Shoppen, PC-Spielen et cetera zu füllen, anstatt sich zu fragen, was sie selbst gerade aus ihrem Leben machen und wozu sie gerade beitragen.

Größtes Armutsrisiko in solchen Dominanzhierarchien: mangelnder Bildungs- und Bewusstseinsgrad. »Macht über« ist, ähnlich einem Perpetuum mobile, ein sich selbst erhaltendes System. Die betroffenen Menschen schlucken Macht-über-Verhalten schweigend, weil sie hoffen, auf diese Weise ihre Ruhe zu bekommen beziehungsweise zu bewahren, statt eventuell Ärger, Nachteile oder Konflikte heraufzubeschwören. Manchmal mag das ein sinnvoller Weg sein, um die eigenen Ressourcen zu schonen.

Viele verhalten sich dieser Haltung gegenüber vor allem deshalb konform, weil sie es so gewöhnt sind, weil sie darauf programmiert wurden. Sie denken gar nicht mehr darüber nach, etwas dagegen zu sagen und damit für sich oder Angehörige einzutreten. Sie haben von Kindesbeinen an gelernt, sich anzupassen, sich passend zu verhalten, um sich die Zuwendung derer zu verdienen, auf die sie als Kind angewiesen waren. Heute sind sie erwachsen, haben ganz andere Möglichkeiten zur Verfügung, doch sie halten noch immer an diesen gewohnten Verhaltensweisen fest.

Dafür hat jeder gute Gründe. Ich will das nicht kritisieren. Ich frage mich nur, wie bewusst die Entscheidungen getroffen werden, die dem jeweiligen Verhalten im Einzelfall zugrunde liegen?

In unseren selektierenden Schulen kann ich solch ein Verhalten häufig bei Eltern beobachten. Sie sind zum Beispiel äußerst unzufrieden mit einzelnen Lehrkräften, doch sie wenden sich nicht (mehr) an sie – aus Sorge, dass am Ende ihr eigenes Kind einen zu hohen Preis für eine aufrichtige Rückmeldung zu zahlen hat. Also halten sie lieber die Füße still und jammern dafür an anderer Stelle mit anderen Eltern weiter. Anderen ist es zu kraftraubend, zu anstrengend, oder der Erfolg scheint so weit entfernt, dass sie lieber nichts unternehmen und aushalten. Somit hält sich dieses System Jahr für Jahr noch weiter über Wasser, auch wenn viele Betroffene sehen, dass dieses Schulsystem nicht der Freude am lebenslangen Lernen und der Lernlust von Menschen bestmöglichst dient!

Welche Denkweisen und welches Verhalten lernen Kinder heute in ihren Familien, Kinderhorten oder Schulen? Sicherlich sind die heutigen familiären Verhältnisse, genau wie die Erziehungsansätze vieler Kinderhorte und Tagesstätten, sehr unterschiedlich und vielseitig geprägt. Doch finde ich auch hier noch erschreckend oft das sogenannte Dominanzhierarchie-Denken: Er oder sie hat einfach zu gehorchen, muss nicht alles verstehen, ist zu klein, zu unerfahren, zu alt, zu jung. Be- oder Missachtung wird genutzt, um zu bestrafen oder zu belohnen, jemand muss dies oder jenes machen oder sein lassen, ohne eine Erklärung, wieso er/sie das so machen oder lassen soll. Entsprechendes Verhalten können Sie gegenüber unerfahrenen jungen Menschen leider auch in

Unternehmen, Schulen, Universitäten oder gegenüber älteren Personen im Umfeld Krankenhaus beobachten.

In unserem Bildungssystem lernen viele Schüler(innen) bis heute nicht, wie sie sich selbst wahrnehmen und wie sie mit Gefühlen, geschweige denn mit ihren Bedürfnissen, bewusster leben können. Noch immer zielen die Lehrpläne der staatlichen Schulen in vielen Bereichen auf Selektion, und Unterricht ist in weiten Teilen Deutschlands auf kopflastige Wissensvermittlung, Fehlersuchkultur, Defizitblick und Kontrolle ausgelegt. Statt Wertschätzung gibt es Bewertung, statt Wandelverstehern und Kreativarbeitern führt man immer noch Stoffabarbeiter und Lückentextausfüller zum Reifezeugnis. Motivationsfaktoren laufen auf das Belohnungs- und Sanktionssystem der Schulnoten hinaus. Die Braven und Angepassten haben deutlich bessere Karten als Schüler(innen), die sagen, was sie denken, die abwechslungsreicher und selbstbestimmter lernen wollen. Und Eltern, die sich kritisch äußern, sind nicht wirklich willkommen. Die Lehrer, die aus eigenem Antrieb neue Wege gehen, erhalten nicht unbedingt Unterstützung. Manche bekommen sogar Sanktionen zu spüren (vergleiche zum Beispiel Sabine Czerny: *Was wir unseren Kindern in der Schule antun*).

Im Unternehmen hört sich das später so an: »Sie mit ihren kritischen Fragen und Ihrem eigenen Kopf, Sie sind schlicht und einfach nicht führbar. Vielleicht ist es besser, wir trennen uns hier.«

Was brauchen wir gleich zu Beginn des Lebens, in der Familie, in Kindergarten und Schule für mehr »Macht miteinander« statt »Macht über«?

Aufrichtigkeit ohne Vorwürfe, unterstützendes, partnerschaftliches Miteinander, Selbstverantwortung für die eigenen Gefühle, ein Bedürfnisbewusstsein, Mitverantwortung für eine Gruppe. Gespräche, in denen man aufeinander Bezug nimmt, zuhört und empathisch nachfragt, statt nach Schuldigen zu suchen oder andere anzugreifen, eine geschulte Körperwahrnehmung; Vorbilder, die klar artikulieren, was ihnen wichtig ist und dies auch vom Gegenüber erfahren wollen; Offenheit für Ideen und Lösungen anderer, ja überhaupt aufrichtige Beziehungs- und Konfliktfähigkeit im familiären Umfeld und den Ausbildungen der heutigen Zeit zu erlernen, wäre von essenzieller Bedeutung.

**Reagierst du aus deinen alten Programmierungen oder wählst du heute bewusst und kennst deinen guten Grund, dies oder jenes zu tun beziehungsweise zu lassen?**

***»Als Kinder verinnerlichen wir Programme, die uns das Leben und seine Bedeutung erklären. Wir übernehmen sie von Lehrern, zu denen auch unsere Eltern gehören. Gleichzeitig lernen wir, dass es für jede Frage ›Fachleute‹ gibt, die alles wissen – während wir scheinbar nichts wissen […] Selten stellen wir diese Programmierungen infrage.«***

Bruce H. Lipton (*1944), US-amerikanischer Entwicklungsbiologe

Auffällig vielen Teilnehmern meiner Seminare fällt es auch schwer, Grenzen auf eine wertschätzende und dennoch klare Art zu setzen; Grenzen, die andere verstehen und respektieren mit Worten, die deutlich machen, was okay und was nicht mehr akzeptabel für einen ist, ohne dass ich andere beleidige oder bloßstelle. Stattdessen nehmen sie Verhaltensweisen, die ihnen nicht guttun, zu lange hin und beginnen bei einer Kleinigkeit dann plötzlich lautstark verbal um sich zu hauen. In diesen Momenten sorgen sie auf eine destruktive Art für ihre Grenzen. Hätten sie gelernt, sich selbst, ihre Gefühle und Befindlichkeiten genauer wahrzunehmen und wie man wertschätzend »Nein« oder »Stopp« sagt, wären manche Beziehungen weniger Belastungen ausgesetzt, der Einzelne glücklicher und wir alle der aufrichtigen und wertschätzenden »Macht miteinander« einen Schritt näher.

Schulen haben beste Voraussetzungen, diese Fähigkeiten in der Gemeinschaft zu üben. Genau diese wichtigen Kompetenzen lernen die Jugendlichen nämlich nicht, wenn sie allein zu Hause am Notebook sitzen. Und auch nicht, wenn sie das nächste Referat eines Einzelnen in der Unterrichtsstunde über sich ergehen lassen. Unsere Schulen haben den nötigen Zugang zu den jungen Menschen, doch verpassen sie zu oft die Chance, Selbst-

und Fremdwahrnehmungskompetenzen und menschlich erfolgreiches Miteinander im privaten und beruflichen Leben oben auf ihre Agenda zu setzen. Somit haben wir weiterhin Probleme am Arbeitsplatz, die wir nicht mehr haben müssten. Denn bis wir tatsächlich in einem Unternehmen sitzen, sind wir an Macht-über-Kommunikation und Verhalten derart gewöhnt, dass es uns gar nicht mehr irritiert, wenn der Vorgesetzte mit dominanten Verhaltensweisen weitermacht. Je mehr Lebenszeit wir in solchen Systemen verbringen, desto normaler finden wir das, und desto widerstandsfreier gliedern sich viele in die klassische Dominanzhierarchie und die damit verbundenen Sprach- und Verhaltenscodes ein – in Firmen, Schulen, Krankenhäusern, Ämtern, Ministerien, Kommunen, Vereinen oder Familien.

*Erwachen heißt: sich der übernommenen Programme und Überzeugungen bewusst zu werden.*

# 3.

# Vertrauen – Verstand – Verantwortung

Wendigkeit ist eine wichtige Kompetenz für künftige Spitzenmanager in der Industrie. Vier von fünf Mitgliedern des Top-Managements global agierender Konzerne nennen darüber hinaus die Fähigkeiten, eine Innovationskultur zu schaffen (74 Prozent) und adäquat mit permanenter Veränderung, also Unsicherheit, umzugehen (69 Prozent).

Als Beispiel sei hier die Autoindustrie genannt. Sie wandelt sich rasant: Kunden, die heute zum Beispiel lieber teilen als kaufen, bestimmte Vorgehensweisen nicht länger akzeptieren, Internetriesen und immer flüchtigere Märkte. Das gilt nicht nur für die Autoindustrie: Märkte, Gesellschaft und Bewusstsein im Wandel verändern die Anforderungen an Führungskultur in jedem Umfeld.

Es sind nicht unbedingt nur jüngere Menschen, die diese Veränderungen anstoßen. Meines Erachtens sind es vielmehr die, die sich und ihr Leben reflektieren, die Tag für Tag bewusster leben und entscheiden, wie sie Sinn und Erfüllung in ihrem täglichen Tun und Sein erfahren wollen. Sie fragen sich bewusster, was sie im Leben möchten, welchen Beitrag sie wofür leisten wollen, welchen Werten sie treu bleiben wollen.

Eine andere Einstellung dieser Zeit, die unter der Abkürzung *Yolo* (You only live once) bekannt ist, ist ebenfalls Motor für Weiterentwicklung und neue Formen des Miteinanders. Wenn Menschen durch diese Überzeugung im besonderen Maße achtsam mit sich, ihren Nächsten, ihrer Umwelt et cetera umgehen würden, wäre Yolo richtig förderlich für vieles. Ich sehe allerdings vielmehr eine Alles-ist-möglich-Verzicht-ist-out-Einstellung mit Yolo verknüpft und frage mich, welche Werte dann noch bedeutsam sind. Jeder ist einmalig und wunderbar, das ist mir wichtig – doch welchen Preis bezahlen wir als Gesellschaft, wenn immer mehr nur auf sich selbst schauen, einzig die eigenen Ziele und das eigene Glück von Interesse sind – Stimmungstäler, Beziehungsschwierigkeiten, Konflikte nicht mehr ausgehalten und aufgearbeitet werden, sondern man schnell nach dem unbeschwerten neuen Weg auf einem anderen Spielfeld sucht? Da interessiert es nicht, wie es anderen Beteiligten mit diesem Verhalten geht – schließlich lebt man nur einmal und so will man seine Zeit nicht mit Gesprächen verbringen, die nach Lösungen suchen, die für alle passen. Vielleicht glauben die Betroffenen auch nicht an solche Möglichkeiten; Reflexion und Verantwortung sind ihnen oftmals lästig, zu anstrengend, schmerzliche Erfahrungen werden nicht angeschaut beziehungsweise aufgearbeitet – lieber lenkt man sich schnell ab, schaut weg und nutzt seine freie Entscheidungsmacht, indem man versucht, unbeschwert weiterzuleben – solange es irgendwie geht.

Und was ist daran nicht okay? Die anderen könnten es doch genauso machen!

Sicher habe ich nichts, gar nichts gegen Unbeschwertheit oder gar gegen Individualisten – ganz im Gegenteil. Ich habe nur ein Problem mit dieser Yolo-Haltung, wenn sie auf Kosten anderer gelebt wird, also keine Bereitschaft da ist, gemeinsam nach Wegen zu suchen, bei denen jeder Betroffene zählt, gesehen wird, Freude hat und Ja dazu sagen kann – zu »Macht miteinander«.

Sowohl für Familien als auch für Unternehmen und Gesellschaft resultieren aus den globalen, gesellschaftlichen und spirituellen Entwicklungen große Herausforderungen unserer Zeit: Wir brauchen Handwerkszeug und Führungsmodelle, die es verstehen, den Wunsch nach immer größerer Berücksichtigung der Individualität und gleichzeitig einem funktionierenden und achtsamen Miteinander – in dem jeder geschätzt und berücksichtigt, statt absorbiert wird – zu kombinieren. Daraus erwächst ein sehr wichtiger Anspruch an Führung.

## 3.1 Generation V

Nennen wir die Menschen, die altersunabhängig bewusstere Entscheidungen für sich treffen, die Generation V. Sie möchten Vertrauen, Verstand, Verantwortung, Verlässlichkeit, Verstehen und Verstandenwerden. Und sie möchten Wertschätzung für ihre Verschiedenheit erfahren. Sinn und Freude sind für sie unerlässliche Größen.

Diese Menschen sind nicht länger Freunde des Hinnehmens und Aushaltens, das Dominanzhierarchien kennzeichnet. Bei dieser ungesunden Kommunikation werden Konflikte ausgesessen, hinuntergeschluckt, um Ruhe zu haben und die Harmonie nicht zu gefährden. Viele haben nicht gelernt, Konflikte so anzusprechen, dass Gespräche dieser Art zielführend enden würden. Vielmehr zeigen ihnen bisherige persönliche Erfahrungen: Das wird unangenehm, und am Ende gewinnt sowieso der, der in der Hierarchie weiter oben steht. Oder der, der für seine Ziele bereit ist, über Leichen zu gehen. Also schweige ich lieber und spare meine Kräfte. Die Generation V will so nicht leben. Sie sucht nach neuen Wegen!

Viel zu viele erleben sich im Unternehmen, in Schulen, Krankenhäusern oder Behörden noch immer als ausgeliefert, ohnmächtig, unterlegen – als Mensch *ohne Macht*.

Doch welchen Anteil haben wir selbst? Was denken wir in diesen Momenten? Wie handeln wir? Unterwerfen wir uns, ziehen uns zurück, geben auf und die eigene Verantwortung für unser Leben ab, bewusst oder unbewusst?

Manche gehen tatsächlich so durchs ganze Leben. Bei anderen begehrt die Natur früher oder später auf und setzt sich mit brachialen Mitteln zur Wehr gegen das, was sich über Jahre oder Jahrzehnte aufgestaut hat: Sie rebellieren und greifen mit Provokation, Ironie, Alleingängen oder Schweigen zu Kommunikationsmitteln, die ebenfalls Macht-über-Strategien sind und genauso ungesund! Nichts gegen ein reinigendes Gewitter, in dem Sie Ihre Notsituation vehement und eventuell laut beschreiben und dadurch zeigen, wie sehr Sie gerade betroffen, traurig oder verzweifelt sind. Jeder, der mit sehr lauter, vehementer Stimme schreiend für sich einzutreten versucht, signalisiert damit Not. Doch solange Sie Vorwürfe, Beleidigungen oder Unterstellungen herausschreien, wird dieses Gewitter nicht wirklich reinigend für die Beziehung zu Ihrem Gegenüber sein, sondern wird Spuren hinterlassen, die Ihnen später wahrscheinlich leidtun. Rebellion oder Unterwerfung sind keine zielführenden, gesunden Kommunikationsverhaltensweisen, sie entsprechen auch nicht unserer Natur – es sind schlicht zahllose Verletzungen und damit nicht erfüllte Bedürfnisse (zum Beispiel nach Sicherheit, Wertschätzung, Liebe, Erfolg), die in solchen Momenten aus Menschen heraussprudeln. Leider in Sprachformen, die nicht dazu führen, dass sie gehört, geschweige denn erfüllt werden. Aus genau diesen Gründen ist es so sinnvoll, andere Wege kennenzulernen, seine eigene Gefühlslage echt und gleichzeitig auf eine gesündere Art deutlich zum Ausdruck bringen zu können.

Solange wir noch anderen die Schuld für unsere Gefühle geben, sehen wir uns als Opfer – ohne Macht! Übernehmen wir 100 Prozent Selbstverantwortung für unsere Gefühle, haben wir Einfluss, unser Leben zu gestalten.

## 3.2 Wachstumshierarchien setzen auf Selbst- und Mitverantwortung

Vermeidbar wären die Eskalation und auch ein jahrelanges, stilles Ärgern über beziehungsweise Leiden unter der Machtausübung anderer durch selbst- und mitverantwortliches Verhalten und das Erlernen einer gesunden Kommunikationskompetenz: einer Sprache, die dem Leben dient, statt es verkümmern zu lassen.

Übernehme ich zu 100 Prozent Selbstverantwortung dafür, wie ich lebe und was ich erreichen möchte, kommuniziere ich aus einer gesunden Haltung mit mir selbst und anderen, anstatt mich eventuell sinnfreien Gegebenheiten oder Anweisungen unterzuordnen. Suche ich die Verantwortung für meine eigene Unzufriedenheit bei anderen und habe ich nicht gelernt, wie ich Dinge aufrichtig, ohne Vorwürfe oder Angriffe ansprechen kann, ist die Chance auf Veränderung oder überhaupt Gehör zu finden, eher gering.

Das Oben-unten-Verhältnis in manchem Umfeld ist keineswegs der Wunsch aller Führungskräfte. Der Fisch stinkt immer vom Kopf, heißt es … Und genauso ist es. Wenn über den Führungskräften ein Vorstand, eine Geschäftsführung und/oder eine Regierung der alten Garde steht, dann ist es für diese schwierig, Freiraum, Transparenz, gesundes Führungsverhalten und eine Grundhaltung von Vertrauen und Wertschätzung an die eigenen Mitarbeiter weiterzugeben.

Paradox ist an diesem Status quo: Befrage ich Führungskräfte, Lehrer, Eltern et cetera dazu, so wünscht sich heute keiner mehr unmündige Mitarbeiter, Schüler, Kollegen, die nur auf Anweisung oder unter Hinweis auf Sanktionen tun, was von ihnen erwartet wird. Viel mehr wünschen sie sich ein funktionierendes Team mit hohem Generation-Y-Anteil, denn das würde sie sehr entlasten und auch dem gesamten Unternehmen deutlich mehr dienen. Doch sie haben oftmals keine Idee, wie und mit welchem Führungsverhalten sie diese Mitarbeiter, Schüler beziehungsweise Teams bekommen und fördern. Insbesondere bei börsennotierten Unternehmen diktieren die Zahlen vor allen anderen Größen den Führungsstil. Doch führt eine Führung, die die Menschen außer Acht lässt, tatsächlich zu den gewünschten Ergebnissen? Kurzfristig wohl noch ja, mittel- und langfristig sicher nicht. Doch welche Manager sind schon mittel- bis langfristig in der Verantwortung für die Ergebnisse eines Bereichs oder gar großen Unternehmens?

Zusätzlich zum fehlenden Know-how und Bedürfnisbewusstsein lässt also die Qualität der Kommunikation und Beziehungspflege mancher Führungskraft durch den vorherrschenden Zielvereinbarungs-, Arbeits- und Zeitdruck zu wünschen übrig. Dies potenziert sich dann oft noch durch das persönliche Bedürfnis nach kurzfristigem Erfolg, den jemand braucht, wenn er die Karriereleiter nach oben gehen möchte.

Wenn jedoch Führungskräfte aus diesem Druck heraus zu oft zu schroffen oder lauten Tönen und anderen Druckmitteln greifen, ist es logischerweise irgendwann zu spät, das Vertrauensverhältnis zum Mitarbeiter zu retten. Dessen Hingabe und Begeisterung für das gemeinsame Ziel ist erst einmal verloren. Danach brauchen Sie mindestens fünf bis zehn positive Äußerungen, um diesen Mitarbeiter überhaupt wieder für Ihre Anliegen zu interessieren. Der Alltag zeigt, dass in vielen Unternehmen dieses Verhältnis von positiven zu negativen Äußerungen jedoch eher umgekehrt gelebt wird.

Mancher Führungskraft würde ein ehrlicher Austausch zu schwierigen Fragen und Themen aus ihrer Einsamkeit heraushelfen, um nicht immer mit den eigenen Themen allein zu sein. Doch dafür braucht es Selbstvertrauen, den Mut sich mitzuteilen, Anspannungen zuzugeben und eigene Vorgaben offenzulegen. Bei mangelndem Selbstwert und wenig persönlicher Ausrüstung für den zwischenmenschlichen Bereich erleben Mitarbeiter allerdings Führende, die Druck und Anweisungen austeilen. Im schlimmsten Fall werden dann die Führenden zu Einzelkämpfern gegen ihr eigenes Team. Der Blick für die Ziele des gesamten Unternehmens oder des gesamten Bereichs ist hier längst nicht mehr im Fokus.

Die Konstrukte klassischer Machtausübung haben es schwer, wenn sie auf die moderne Wissensgesellschaft und Mitarbeiter treffen, die zwar alles geben können, aber keineswegs alles geben müssen. Der Einsatz von Wissen und Intelligenz unterliegt stets dem Primat der Freiwilligkeit. Im Juni 2015 analysierte die Zeitschrift *manager Seminare* zutreffend, dass sich schon heute die Situation in jungen, wissensorientiert arbeitenden Unternehmen geändert habe. Auf Seite 24 des Magazins ist in dem Artikel *Macht in Bewegung. Führen ohne Hierarchie* zu lesen, dass Organisationen mit alternativen Macht- und Führungsmodellen experimentieren und Erfolg damit haben. »Die Entwicklungen kommen nicht freiwillig, sondern sind eine Reaktion auf komplexe Rahmenbedingungen, denn mit hierarchiebasierten Machtmodellen wird nur – das wissen heute Organisationspsychologen und Arbeitswissenschaftler – ein Bruchteil der verfügbaren Ressourcen aktiviert. Kein Wunder, dass agile Methoden wie Srum, Canvas, Desing Thinking, Holocracy [...]« themenbasierte Machtmodelle oder neue Entscheidungsverfahren Konjunktur haben. Sicherlich ist es wichtig, von Bereich zu Bereich zu entscheiden, welche Methoden Sinn machen – denn nicht für alle Aufgabenbereiche (Produktion, Fertigung, Logistik, Controlling, Einkauf, Verkauf, Management) wird es Sinn machen, lautstark ein neues Führungsmodell aufzurufen. Hier wird Flexibilität gefragt sein. Ein Industrieunternehmen, das im Produktionsbereich erfolgreich mit Lean-Management- oder Shop-Floor-Management-Methoden arbeitet, wird diese nicht aufgeben, nur weil im IT-Bereich agile Methoden und themenbasierte Führungskonzepte Konjunktur haben, doch um ein kritisches Hinterfragen des Bestehenden wird kein Bereich herumkommen.

Es sind dabei vor allem die Mitarbeiter, die für Bewegung sorgen. Sie verspüren wenig Lust, sich mit alten Ritualen der Macht zufriedenzugeben. Titel wie Vorstand, Bereichsdirektor oder Hauptabteilungsleiter zählen wenig für Menschen, die die Erfahrung gemacht haben, dass sich ohne Krawatte, geprägte Visitenkarte und Aufopfern für die Firma Karriere machen lässt. So manches Internet-Start-up ist heute zudem auch finanziell in der Lage, ein besseres Angebot zu machen als ein Großkonzern.

Chefs müssen sich an neue Umgangsformen gewöhnen und Abschied von den alten Machtritualen nehmen, konstatiert selbst manager-magazin.de im Juli 2015 (Michaela Bürger, Abschied von den alten Machtritualen. Auch Chefs müssen sich an neue Umgangsformen gewöhnen. *www.manager-magazin.de/unternehmen/karriere/millennials-als-berufsanfaenger-fordern-chefs-heraus-a-1044243.html#ref=rss*, abgerufen am 24.7.2015). Es scheint sich in immer weiteren Kreisen herumzusprechen, dass der Abschied vom alten Machtdenken in und außerhalb von Unternehmen begonnen hat, dass führen per Machtwort schon heute ein Wettbewerbsnachteil ist.

## 3.3 Die Folgen einer dominanzhierarchischen Kultur

Menschen, die im Erwachsenenalter von sich selbst denken, sie seien unmotivierte X-Typen, tun das, weil ihnen oft genug jemand gesagt hat, sie seien faul und leisten wenig Sinnvolles. Irgendwann übernahmen sie dann diese Denke über sich und sind dann in der typischen Opferhaltung: Sie sehen wenig Sinn in ihrem Tun, haben keine Freude an ihrer Arbeit, schätzen sich selbst gering, betrachten sich als fremdbestimmt, unwichtig und sehnen sich nach Wertschätzung von anderen. Wenn grundlegende Bedürfnisse über einen längeren Zeitraum – womöglich schon seit der Kindheit oder Jugend – nicht erfüllt sind und ich mir selbst dieser Tatsache noch nicht einmal bewusst bin, weil ich nicht gelernt habe, meine Gefühle und Bedürfnisse bewusst wahrzunehmen, geschweige denn Verantwortung für diese zu übernehmen, dann kommuniziere ich grundsätzlich aus einer Opferrolle heraus. Für meine Gefühle suche ich die Schuld automatisch bei anderen, die mir meine Bedürfnisse erfüllen müssten, denn bei ihnen ist doch schließlich die Macht. Diese Menschen gibt es ebenfalls in verschiedenen Altersgruppen. Sie haben ein ganz anderes Bewusstsein als die oben bereits kurz beschriebenen Generation-V-Menschen. Mit ihrem Opferdenken werden sie sich sehr häufig als *machtlos* erleben, doch sind sie es selbst, die die eigene Lebensgestaltung – ihre Macht – an andere (unbewusst) abgegeben haben.

Keine Entscheidungen sondern Aussitzen. Piep, piep, piep, wir haben uns alle lieb. Lieber nichts riskieren, es möglichst bequem haben, beliebt bleiben oder die Verantwortung nicht tragen. Das Ergebnis dieses Führungstyps heißt oftmals Stillstand oder Wildwuchs. Denn oftmals nehmen sich diejenigen die Macht und werden gehört, die am lautesten sind, am meisten jammern oder sich am besten durchsetzen können.

Wenn die Kultur eines Unternehmens, einer Institution oder eines Teams ganz allgemein von vielen Mitarbeitern oder sogar Führungskräften als »Macht über« empfunden wird, dann gilt dort: Oben ist immer besser als unten. Also fahre ich hier als gewöhnlicher Mitarbeiter oder Schüler besser, wenn ich mich einschleime, Ja sage und ansonsten die Klappe halte, denn ich stehe leider unten in der Hierarchie. Als Vorgesetzter bin ich in einer solchen Kultur am erfolgreichsten unterwegs, indem ich meinen eigenen Vorteil und meinen nächsten Karriereschritt im Fokus habe, selbst wenn dies nicht dem Gesamtwohl des Unternehmens oder der Abteilung dient. Können Sie sich vorstellen, was solche Verhaltensweisen und Denkhaltungen ein Unternehmen und manchmal uns Steuerzahler insgesamt kosten?

## 3.4 Wachstumshierarchie: Für ein konstruktives Miteinander

Das Gegenteil eines solchen Systems ist eine Wachstumshierarchie, bei der es nicht um die hierarchische Stellung oder den Erfolg eines Einzelnen geht, sondern um die Ergebnisse und Ziele insgesamt und **wie** diese erreicht werden. Man will sich gemeinsam entwickeln und ist immer daran interessiert, den möglichst idealen Weg für alle Beteiligten dorthin zu finden. Deshalb herrscht in Wachstumshierarchien ein konstruktives und kreatives Miteinander – die Ziele sind *allen* klar und wichtig, die Macht wird verteilt, gemeinsam genutzt und die Bedürfnisse aller werden gehört und ernst genommen. Anstatt dass Macht von oben nach unten ausgeübt, Entscheidungen durchgesetzt oder Ergebnisse erpresst werden, sind Selbst- und Mitverantwortung ausdrücklich erwünscht. Flexibilität und gegenseitige Stärkung begleiten diesen Weg.

## Gegenüberstellung beider Formen von Machtausübung

| Dominanzhierarchie | Wachstumshierarchie |
|---|---|
| **Denkhaltungen** | |
| Mit mir kann man es ja machen. | Ich gestalte mein Leben. |
| Die Mitarbeiter brauchen Druck und Kontrolle, sonst leisten sie nichts. | Jeder gibt dann sein Bestes, wenn er/sie es freiwillig tut. |
| Ich darf dem Mitarbeiter/der Mitarbeiterin nicht sagen, wie gut und wie wertvoll er/sie für uns ist, sonst erpresst er/sie mich. | Als Chef(in) sage ich, was alles gut läuft, weil ich darauf vertraue, dass Wertschätzung ein Nährmittel für Gesundheit und Begeisterung ist. |
| Ich allein weiß, wie es richtig/falsch ist. | Alle lernen voneinander. |
| Heterogenität ist eine Gefahr/ein Ärgernis | Heterogenität ist ein Schatz. |
| **Einstellung zur Verantwortung** | |
| Für meine Gefühle sind die anderen verantwortlich. | Ich bin zu 100 Prozent selbst für meine Gefühle verantwortlich – so wie du auch. |
| Die anderen sind zu langsam/zu blöd/zu inkompetent, können keine Verantwortung übernehmen. | Auch ich bin nicht perfekt. Ich bin mitverantwortlich für die Erreichung unserer Ziele. |

| | |
|---|---|
| Es reicht, wenn ich die Fakten kenne und alle Informationen habe. | Damit alle beteiligt sein können, brauchen tatsächlich alle die Informationen, die sie benötigen. |
| **Typisches Verhalten** | |
| Jammern, nörgeln, meckern, vergleichen, beschweren, lästern, anklagen, schweigen. | Offen ansprechen, was ist; feiern, was geklappt hat; bedauern, was nicht geklappt hat. |
| Zwölf-Stunden-Tage gelten als normal, eine Balance von Körper-Seele-Herz-Geist ist unwichtig, wird belächelt. | Die Führung lebt vor, dass eine Balance von Körper-Seele-Herz-Geist wichtig ist und schafft die Arbeitsbedingungen dafür. |
| Reden über andere. | Reden miteinander. |
| Im Meeting sitzen viele schweigend, unvorbereitet, gelangweilt. Es sprechen immer dieselben; die anderen reden, wenn überhaupt, erst auf dem Flur, nachdem die Besprechung vorbei ist. | Im Meeting sind genau die anwesend, die gebraucht werden und diese bringen sich auch ein.<br>Beim Meeting wird die wertvolle Zeit aller im Blick behalten, die Teilnehmenden sprechen präzise zum Thema, stellen konkrete Bitten. Zeiten werden eingehalten. |

| Verarbeitung schmerzhafter Erfahrungen | |
|---|---|
| Wegschauen, runterschlucken, ablenken, ärgern, Schuld geben oder sich selbst schuldig fühlen. | Genau hinschauen, analysieren, Schmerz und Unsicherheiten aushalten, annehmen und daraus lernen. |
| Ernsthaft erkranken, wochen-, monatelange Krankschreibung. | Trauern, bedauern, verzeihen, aus dem Weg räumen, sich helfen lassen, weiterbilden und sich weiterentwickeln. |
| Gehenlassen. | Selbstdisziplin. |

| Verarbeitung von Erfolgen | |
|---|---|
| Glück gehabt! | Gesunder Stolz: Freude über die erbrachte Leistung und Anstrengung. |
| Nur der/die Vorgesetzte empfängt die Lorbeeren und bekommt Aufmerksamkeit. | Gemeinsam feiern und gegenseitig Dankbarkeit ausdrücken – **wir** haben etwas geschafft. Oder dem gratulieren, dem Ehre gebührt. |
| Neid, Missgunst, Gleichgültigkeit, Bewunderung. | Freude offen teilen, voneinander lernen. |

| Selbstbild/innere Überzeugungen | |
|---|---|
| Ich bin ohnmächtig; auf mich hört hier keiner. Ich kann nichts verändern. (Geführter) | Ich zähle genauso viel wie alle anderen. Die Bedürfnisse aller zählen. |
| Entscheidungen treffen andere; ich kann sie nur akzeptieren oder möglichst unbemerkt boykottieren. | Entscheidungen werden gemeinsam getroffen und umgesetzt, die Verantwortung wird von allen getragen. |

| | |
|---|---|
| Meine Lösung ist die beste und richtig, die will ich durchsetzen. (Führender) | Alle haben Ideen, die wertvoll sind, ich möchte sie hören und integrieren. |
| Fehler sind schlimm und unbedingt zu vermeiden. Lieber vertusche ich etwas, als dass ich Ärger bekomme oder belächelt werde. | Fehler sind Lernschritte, die mich und andere weiterbringen, Neues möglich machen. Es gehört zu meiner Verantwortung, sie so schnell wie möglich anzusprechen, sodass alle davon lernen können. |
| **Motivation/Begeisterung** | |
| Extrinsisch und von kurzer Dauer. | Intrinsisch und nachhaltig. |
| Orientierung an der Außenwelt, statt an eigenen Bedürfnissen, wenig Bewusstsein, wieso ich etwas tue/lasse. | Bewusstsein: Mit allem was jemand tut, versucht er/sie, sich ein Bedürfnis zu erfüllen. Ich kläre meine Gründe, wieso ich etwas tue/sein lasse und habe Freude. |
| Andere bewerte ich schnell. | Andere möchte ich verstehen – was nicht bedeutet, einverstanden zu sein! |
| Angstkultur. | Vertrauen und Mut. |
| Burn-out oder Bore-out. | Burn-for. |

## 3.5 Warum Macht-über-Denken hartnäckig in den Köpfen bleibt

Wenn die Vorteile des Y-Typus und von »Macht miteinander« so offensichtlich sind, warum kommuniziert, denkt und handelt manche Führungskraft dennoch so, als bestünde die Welt des Unternehmens vorwiegend aus X-Typen? Zum einen höre ich häufig, dass es ihnen nicht anders geht als den Mitarbeitern: Sie haben noch nichts anderes gelernt, gesehen, erlebt, was ihnen den ersehnten Erfolg besser sichern würde.

Macht-über-Verhaltensweisen resultieren meist aus dem Erleben von role models eines Führungsstils, der als erfolgreich wahrgenommen wurde. Führende, die erst wenig Erfahrung mit dieser Aufgabe haben, ziehen daraus (meist unbewusst, selten bewusst) den Schluss, dass sie am besten fahren, wenn sie es genauso machen. Darüber hinaus ist es verlockend bequem, sich nicht so viele Gedanken über die eigenen Denk- und Verhaltensmuster zu machen, gewohnte Reaktionen weiterhin zu zeigen, statt sich auf den eventuell anstrengenderen Weg von Reflexion, Um- oder Neulernen zu machen. Glaubenssätze und alte Überzeugungen halten uns Menschen machtvoll fest.

Hinzu kommt, dass Führungskräfte in Unternehmen oftmals unter enormem Druck stehen. Sie sind ihrerseits in hohem Maße gefordert, haben ihre Vorgaben, wollen sich gegenüber der nächsthöheren Hierarchiestufe beweisen und reagieren dann aus dieser Not heraus in ihrem eigenen Führungsstil mit Druck. Unerfahrene Führende sind dazu auch einfach unsicher, welches Verhalten zur Situation passt und zielführend ist. Dies beobachte ich im Speziellen auch bei Eltern, die ohne spezifische Fortbildung Führende; Erziehungsverantwortliche werden. Sie sind, trotz oder wegen der unüberschaubaren Anzahl von Erziehungsratgebern, verunsichert, wollen ihr Bestes geben, doch sind sie hier und da überfordert mit der Familiensituation und den Anforderungen an sie. Andere wiederum sind fachlich spitze, lassen jedoch die für erfolgreiche Führungsarbeit unverzichtbaren zwischenmenschlichen Skills wie Wahrnehmung, Einfühlung, Zuhören, Nachfragen, Reflexionskompetenz oder Aufrichtigkeit vermissen.

Innerhalb einer Dominanzhierarchie ist eine Führungskraft auch nur ein Rädchen in einer großen Maschine und hat zu funktionieren – eifrig im Hamsterrad, welches von innen aussieht wie eine Karriereleiter.

## 3.6 Gesunden Selbstwert, bitte!

Wenn jemand Führungsaufgaben innehat und über einen geringen Selbstwert verfügt, wird er hinter vielen Äußerungen Gefahren, Angriff oder Kritik hören, die gar nicht so gemeint sind. Diese Ich-bin-nicht-okay-Ohren befeuern typische Macht-über-Verhaltensweisen zusätzlich. Ein ungesunder, niedriger Selbstwert führt leider häufig dazu, dass ich weder mir selbst noch anderen Wertschätzung geben kann. Vielmehr suche ich nach den Defiziten und spreche diese an. Die Folge ist eine schlechte Stimmung im Team. Macht-über-Verhaltensweisen dienen im hohen Maße auch dazu, andere auf Abstand zu halten, wodurch sich Bedürfnisse nach Schutz, Sicherheit oder auch Respekt erfüllen sollen. Doch diese Rechnung geht selten auf. Menschen, die autoritär, ruppig und wenig einfühlsam führen, ernten selten Respekt.

Jene, die ihre Macht teilen, zeichnen sich dagegen durch einen gesunden Selbstwert aus. Sie sind zuversichtlich gegenüber anderen, sind mit sich zufriedener, schöpfen aus der Fülle der Handlungsmöglichkeiten und haben vor allem Vertrauen zu anderen. Dass Vertrauen und Offenheit andere Ergebnisse zeitigen als Angst, Druck und Verschlossenheit, liegt auf der Hand.

Hinzu kommt, dass Führungskräfte von manchem Mitarbeiter nicht als Menschen, sondern nur als Chef, Chancenvergeber oder sogar als Gegner, im schlimmsten Falle sogar als Feind und Ausbeuter gesehen werden. Dabei haben Vorgesetzte, Leiter, Väter oder Mütter genau die gleichen Wünsche und Bedürfnisse wie jeder von uns. Reißen wir ihnen doch das Etikett ab, das wir ihnen selbst täglich verpassen, und betrachten sie als Menschen, die sie sind!

Sie möchten ebenfalls verstanden werden, dazugehören, gemocht und respektiert werden. Auch wenn mancher das bestens versteckt!

Eine weitere Wurzel für die Häufung von Macht-über-Verhaltensweisen bei Führungsverantwortlichen liegt in den nicht erfahrenen Vorbildern und Strategien vor und nach ihrem Eintritt ins Berufsleben.

Wenige der heutigen Führungskräfte haben in ihrer Schul- und Ausbildungszeit gelernt,

- sich selbst und andere wahrzunehmen,
- Bedürfnisse als die Quelle unserer Gefühle und all unseres Tuns zu kennen,

- was Einfühlung bedeutet und wie Empathie praktiziert wird,
- zuzuhören und nachzufragen, bis die Verständigung der Beteiligten wirklich erreicht ist,
- wie man aufrichtig und klar, ohne Vorwurf und ohne zu verschleiern anspricht, was auf den Tisch gehört,
- Feedback zum Wachsen zu geben (wie unterstütze ich die Potenzialentfaltung bei mir und anderen?),
- Kommunikationskulturen und Entscheidungswege zu entwickeln, in denen jeder zählt.

Wenn Sie selbst Menschen führen, fragen Sie sich vielleicht gerade, welches Verhalten und welche Einstellung Sie selbst in Ihrer Führungspraxis an den Tag legen. Sicher ist Ihnen bewusst, dass Macht-über-Verhaltensweisen Angst oder Mitleid bringen. Wenn Sie jedoch Respekt und Vertrauen ernten möchten, dann brauchen Sie Verhalten der Kategorie »Macht miteinander«.

## 3.7 »Macht miteinander«

In einer Kultur, in der »Macht miteinander« geteilt wird, bemühen sich die Beteiligten darum, dass die Bedürfnisse aller zählen. Man vertraut darauf, dass Lösungen gefunden werden, denen alle zustimmen können. Solche Stile des Miteinanders, deren Ziel es ist, zu erfahren, was andere brauchen, um mit den zu treffenden Entscheidungen zufrieden zu sein, nenne ich so, wie ich es bei Marshall Rosenberg kennengelernt habe: »Macht-miteinander-Kulturen«. Der Begriff geht allerdings auf Mary Parker Follett zurück.

Hier übernehmen die Machthabenden Verantwortung, indem sie grundsätzlich achtsam mit den ihnen zur Verfügung stehenden Einfluss- und Entscheidungsmöglichkeiten umgehen. Sie nutzen sie zum Wohle aller und sind überzeugt, dass gemeinsame Win-win-Lösungen möglich sind, zu besseren Ergebnissen und zu höherer Zufriedenheit führen.

Hier blühen die Vertreter der immer größer werdenden Generation V auf. Und mit ihnen ihre Teams und Unternehmen.

Macht zu teilen heißt, die Menschen, die von Entscheidungen betroffen sein werden und einbezogen sein möchten, bei der Suche nach bestmöglichen Lösungen innerhalb eines definierten Zeitrahmens zu beteiligen. Das bedeutet, den Geführten mehr Verantwortung zu geben und dennoch als Führender am Ende die Gesamtverantwortung zu übernehmen – es sein denn, die Gruppe hat gemeinsam etwas anderes beschlossen. Diese Art des Machteinsatzes beruht auf der Überzeugung, dass Menschen dann ihr Bestes geben, wenn sie es freiwillig tun und einen Sinn in ihrem Tun erkennen. Dann leisten sie gerne einen Beitrag zum Ganzen und für andere, denn sie erfüllen sich dadurch auch eigene Bedürfnisse.

Ziele einer Vertrauenskultur im Zeichen von »Macht miteinander«:

- Höhere Zufriedenheit; Selbst- und Mitverantwortung für die Stimmung und den Erfolg in Firmen, Familien, Kommunen oder Vereinen
- Förderung einer Innovationskultur; »Macht miteinander« bringt eine positivere Stimmung, die messbar die Kreativität und den Ideenreichtum erhöht.
- Weniger Konflikte beziehungsweise nachhaltigere Klärung – dadurch weniger Reibungsverluste
- Sinnvollere Lösungen, die tatsächlich angenommen und umgesetzt werden.
- Vertrauenskultur – Arbeitszeit und Arbeitsort können, so weit es sinnvoll und möglich ist, selbst gewählt werden, und Informationen stehen allen zur Verfügung.

- Höhere Flexibilität aufgrund höherer Aufklärung und Verantwortlichkeit
- Gegenseitige Unterstützung, statt Abteilungsdenke – Stärkung des Wirgefühls
- Verbindendes Bedürfnisbewusstsein plus Lösungssuche statt Abwehrhaltung
- Höheres Engagement, da offene und entspannte Gesamtstimmung
- Zeitersparnis und gleichzeitig höhere Zufriedenheit durch präzisere Gespräche
- Neue Meeting-, Besprechungs-, Konferenzkultur durch neue Vereinbarungen
- Tatsächliche Verbundenheit mit den Unternehmenszielen
- Klare Entscheidung für Expansionsschritte, Aufträge, Verträge, Beziehungen und Vorgehensweisen, die einem exzellenten Gesamtergebnis **und** der Gesunderhaltung der Menschen in und außerhalb unseres Unternehmens oder Systems dienen.
- Besserer Gesundheitszustand der Mitarbeiter oder Mitglieder
- Erhebliche Einsparungen und steilere Lernkurven durch neuen Umgang mit Fehlern
- Geringere Fluktuation
- Geringerer Krankenstand

- Höhere Attraktivität des Arbeitsplatzes, der Schule, des Vereins, der Familie

Sicher werden in einer Macht-miteinander-Kultur auch mal wichtige Entscheidungen im Alleingang getroffen, wenn dies zum Beispiel aus Zeitgründen sinnvoll erscheint. Dann ist es wichtig, zeitnah transparent zu machen, was die guten Gründe für eine Einzel-Entscheidung gewesen sind. Bleibt dieser Schritt mehrfach aus, gerät das Vertrauen in die führende Person ins Wanken.

Haben Führungskräfte Vorbehalte gegenüber dieser kraftvollen und zukunftsfähigen Art der Führung, dann wohl, weil ihnen eine andere Form von Stärke vorgelebt worden ist und wir Neuem gegenüber zunächst abwartend skeptisch sind. Doch »Macht miteinander« hat nichts mit Soft Solutions zu tun. Sie ist vielmehr darum bemüht, nach dem Wohl aller zu schauen, anstatt sich als Goliath gegen David schnell und wirkungsvoll durchzusetzen. Sie agiert situativ, mit Weitblick, Mut, Menschenkenntnis und der klugen Orientierung an knallharten und unaufhaltsamen Megatrends, die aktuell die Gesellschaft umformen. Das verlangt Einsatz, Engagement, keine Zurückhaltung und schon gar kein Abwarten und laufen lassen. Wir erleben derzeit einen tief greifenden Gesellschafts- und Bewusstseinswandel. Signifikante

Veränderungen wie beispielsweise Individualisierung, Gesundheitsbewusstsein, Konnektivität, Globalisierung, Kooperation und Vernetzung stellen unsere Bildungs-, Unternehmens-, Führungs- und Familienkultur unerbittlich vor neue Aufgaben. Darauf zu reagieren ist nicht soft, sondern überlebenswichtig (vergleiche die Publikationen von Matthias Horx, Zukunftsinstitut Frankfurt am Main).

Die heutigen Mitarbeiter sagen längst nicht mehr zu allem Ja. Auf die Ausübung von »Macht über« reagieren sie nicht mit stillem Gehorsam, sondern indem sie Anweisungen und Entscheidungen hinterfragen. Sie sind aufgeklärter und kritischer, stellen andere Ansprüche an Arbeit, Vorgesetzte beziehungsweise Arbeitgeber. Durch die hohe Vernetzung ist Wissen fast immer nur ein paar Klicks entfernt und Mitarbeiter(innen), Vereinsmitglieder sowie Schüler(innen) legen ihre Erfahrungen und Bedürfnisse offen – sie posten oder bloggen gerne in den sogenannten sozialen Netzwerken. Daher verbreiten sich Informationen über Unternehmenskulturen, Arbeitgeber, Jobzufriedenheit, Schulkultur und Ähnliches ungeheuer schnell und weit.

Niemand möchte länger respektlos behandelt werden. Spätestens wenn einem zu Ohren kommt, wie erfolgreich zukunftsweisende Unternehmen ihre Happiness- oder Vertrauenskultur mit Erfolgen krönen, wird selbst ein Skeptiker neugierig auf solch ein Arbeitsumfeld. Begeisterung und die damit verbundenen Emotionen bringen lebendige Mitarbeiter und pulsierende Unternehmen hervor – Innovationen und Weiterentwicklungen zeigen dies deutlich.

Die demografische Entwicklung und der daraus resultierende Fachkräftemangel geben dieser Bewegung zusätzliche Brisanz und Entwicklungsenergie. Firmen, die auch in Zukunft im Markt vorn mit dabei sein wollen, sind sicher gut beraten, mit der Veränderungsarbeit ihrer Firmenkultur jetzt zu beginnen.

In westlichen Kulturen haben sich besonders junge und kleinere bis mittelständische Unternehmen schon sehr erfolgreich auf diesen neuen Weg gemacht. In der Schullandschaft in Deutschland nimmt diese Entwicklung (endlich) auch immer mehr Fahrt auf. Immer weniger wollen die anstrengende Druck- und Verweismethode fortführen, mögen nicht länger Selektieren vor Fördern stellen, sondern wieder Freude und Erfüllung im Unterrichten finden. Um nur drei Schulbeispiele zu nennen:

die Evangelische Schule Berlin Zentrum, das Gymnasium Lappersdorf, die Ernst-Penzoldt-Schule in Spardorf. Sie haben sich auf den Weg zu einer Schule der Potenzialentfaltung gemacht. »Macht über« unterliegt dort »Macht miteinander«, Empathie übertrifft Dominanz! Diese Wachstumsorte verstehen sich als Great place to be und sind ihren Mitbewerbern damit (noch) einen Schritt voraus.

Mehr und mehr Lernorte und Unternehmen springen auf diesen Zug auf und wir dürfen verstehen: Der Fachkräftemangel fördert Arbeits- und Führungskonzepte, die dem Menschen dienen.

# 4.

# Bedürfnisbewusstsein: Die Macht menschlicher Bedürfnisse

Die Kraft gesunder und verantwortungsbewusster Macht kann sich erst voll entfalten, wenn wir uns unserer Bedürfnisse bewusst sind und hundertprozentige Verantwortung für unsere Gefühle übernehmen. Bevor jemand Führungsverantwortung annimmt, wäre es für alle Beteiligten dienlich, wenn er oder sie sich bewusst und professionell mit sich, den eigenen Überzeugungen, typischen Reaktions- und Kommunikationsweisen, den Bedingungen für Leistung und der Entstehung von Gefühlen auseinandersetzt. Eine Führungskraft ist ein Vorbild und ein solches ist hochgradig ansteckend für andere. Ständig und überall wird ihr Verhalten sehr genau beobachtet und von den Mitarbeitern als Maßstab herangezogen: »Der macht das doch auch so.«

*»Ein Beispiel zu geben ist nicht eine Möglichkeit, andere Menschen zu beeinflussen, es ist die einzige.«*

Albert Schweitzer (1875–1965), Arzt

Eigene Werte kann ein Mensch allerdings erst bewusst leben, wenn er sich und seine Bedürfnisse überhaupt kennt. Damit sind Bedürfnisse im Sinne des Gesunden Kommunizierens gemeint: Bedürfnisse, die alle Menschen auf der Welt miteinander teilen. Nicht gemeint damit sind Handlungen wie: »Ich habe jetzt das Bedürfnis, einen Kaffee zu trinken«, das Bedürfnis mir einen neuen Firmenwagen zu gönnen, eine Arbeitsgruppe zu bilden oder einen Spaziergang mit euch allen im Wald zu unternehmen. All diese Aktivitäten sind keine Bedürfnisse im Sinne Marshall Rosenbergs, sondern Strategien, Wege, Möglichkeiten, sich Bedürfnisse (etwa nach Wertschätzung, Austausch, Erholung, Freude oder Spaß) zu erfüllen.

Als Schülerin Marshall Rosenbergs sind Bedürfnisse für mich das zentrale Element von Gesunder Führungs-, Unternehmens- und Innovationskultur. Bedürfnisse sind die Quelle für unsere Gefühle und für all unser Tun – wenn wir sie kennen und bewusst wahrnehmen, können wir unser Leben selbstverantwortlicher gestalten, Rücksicht auf andere nehmen, anders zuhören, viel weniger persönlich nehmen und sind in der Lage, Menschen in einer ganz anderen Weise zu führen und zu fördern als ohne ein Bedürfnis-Bewusstsein. Erst wenn wir Konflikte auf der Ebene von Bedürfnissen klären, werden sie auf ihren eigentlichen Kern zurückgeführt und können deutlich nachhaltiger für alle Beteiligten gelöst werden.

Bedürfnisse werden abstrakt formuliert. Das heißt, ich benenne keine bestimmte Person, auch nicht Ort oder Zeit; sondern orientiere mich zu Beginn am besten an der Bedürfnisliste, bevor ich eigene Formulierungen ausprobiere. Sollte Ihnen der Gebrauch der darin gelisteten Worte merkwürdig vorkommen, liegt das wahrscheinlich daran, dass Sie sie bisher selten nutzen oder auch daran, dass Ihnen eine Formulierung in der Verbform vielleicht mehr liegt. Die abstrakte Beschreibung ist der Schlüssel für die Vielfalt im Leben. Wenn ich mich nicht darauf fixiere, mein Bedürfnis nach zum Beispiel Wertschätzung von einer ganz bestimmten Person zu einer bestimmten Zeit erfüllt zu bekommen, habe ich zahlreiche Optionen und kann meine Kreativität nutzen, mir meinen Tank nach Wertschätzung aufzufüllen. Bei vielen Bedürfnissen stehen uns vielfältigste Möglichkeiten zur Verfügung; Lösungen, an die wir nicht gedacht hatten, kommen uns in den Sinn, wenn wir erst einmal das Bedürfnis erspüren können, worum es uns in der momentanen Situation geht. Nur bei wenigen Bedürfnissen, zum Beispiel dem nach Intimität, entscheiden sich viele in unserem Kulturkreis dazu, die diversen Angebote nicht zu nutzen, Zärtlichkeit und Sexualität ausschließlich mit einer bestimmten Person zu leben. Da es diverse Bücher gibt, in denen das gesamte Rosenberg-Modell detailliert vorgestellt wird, möchte ich Sie bei Interesse, auf die weiterführende Literatur, gerne auch auf unsere Homepage *www.angela-dietz.de* und auf Seminare zum Thema hinweisen.

Als erste tatkräftige und alltagstaugliche Umsetzungshilfe werden Ihnen die Listen hoffentlich eine sinnvolle Hilfe bieten, mehr Klarheit über Ihre Gefühle und Bedürfnisse zu erhalten.

Für eine leichtere Selbstklärung unterwegs können Sie sich gerne unsere Gefühls- und Bedürfniskarte ausdrucken – sie möchte Ihnen Unterstützung bieten, das Bedürfnis in sich zu erfühlen, das gerade der Grund für Ihre Gefühlslage ist. Sie finden diese Karte kostenfrei unter *www.angela-dietz.de* im Downloadbereich. Gerne schicken wir Ihnen auch einige Exemplare per Post zu.

Ihr Unterbewusstsein ist viel kraftvoller als Ihr Bewusstsein. Nutzen Sie die Chance, mehr davon kennenzulernen und so zu nutzen, dass Sie glücklicher und erfüllter leben, arbeiten und führen können.

In einem Konfliktgespräch erhöhen Sie Ihre Chance gehört und verstanden zu werden enorm, wenn Sie neben Ihren Gefühlen und Bedürfnissen eine eindeutige Wahrnehmung formulieren, auf die Sie sich jetzt gerade im Gespräch beziehen wollen, die der Auslöser für Ihre Anspannung ist. Und als viertes Element sprechen Sie eine konkrete Bitte aus, die Sie in der Hoffnung stellen, dass dadurch Ihr Bedürfnis genährt wird. Erst die Bitte verhilft dazu, dass Gespräche vorangehen, Ergebnisse erzielt und Bedürfnisse überhaupt erfüllt werden können. Mit diesem Bedürfnisbewusstsein und dem praktischen **Viererschritt von Wahrnehmung, Gefühl, Bedürfnis und Bitte** steigen wir aus gewohnten Kommunikationsmustern aus. Wir sparen Zeit und Nerven, die wir bislang in gewohnten Ärger- oder Rechtfertigungsschleifen verlieren, statt konstruktiven Gesprächen einen Weg zu ebnen.

Zusätzlich können Sie mit dem kraftvollen Ansatz des Gesunden Kommunizierens und Führens auch alte Glaubenssätze, hinderliche Denk- und Reaktionsmuster oder unklare Gefühlslagen bei sich selbst klarer identifizieren. Das wird Sie in ganz besonderer Art und Weise bei Ihrer Selbstführung und der Führung anderer unterstützen!

## 4.1 Selbstklärung – Eine Voraussetzung, um Macht neu zu nutzen

Selbstreflexion oder Selbstklärung dient dazu, den eigenen Gedanken, Urteilen, Reaktionsmustern und Gefühlen wirksam auf den Grund zu gehen und festzustellen, welche Bedürfnisse dahinterstehen. Dieser Schritt findet am besten statt, bevor wir sprechen, etwas schreiben oder telefonieren. Selbstklärung praktiziert man in Ruhe oder mit Menschen, die nicht am Thema beteiligt sind. In dieser Phase beschäftigen wir uns mit uns selbst: Was habe ich gehört beziehungsweise wahrgenommen? Welche Urteile habe ich über die anderen, mich selbst, das Thema im Kopf? Vermische ich Altes mit Neuem? Welche Gefühle sind aktuell in mir und welche Bedürfnisse sind mir in dieser Situation, diesem Gespräch wichtig? Wenn ich das für mich geklärt habe, ist es ebenfalls hilfreich, sich die Zeit zu nehmen, um sich zu fragen, was den anderen gerade bewegen könnte. Wie sieht seine Gefühls- und Bedürfniswelt aus, worum könnte er bitten?

Mir ist es selbst schon häufiger passiert, dass nach einem solchen Selbstklärungsprozess das Gespräch, welches ich vorher noch glaubte führen zu müssen, überflüssig geworden ist, da sich so mancher Ärger aufgelöst hatte.

»Also, Frau Dietz – das dauert ja viel zu lange! So viel Zeit habe ich doch meistens gar nicht! Bei uns muss alles immer schnell gehen!« Diesen Einwand höre ich immer wieder einmal, ganz besonders in Unternehmen.

Wie lange dauert so ein Prozess tatsächlich?

Das ist individuell sehr unterschiedlich. Je nachdem wie geübt, emotional betroffen und konzentriert Sie sind, brauchen Sie zwischen wenigen Sekunden bis hin zu Tagen für eine Selbstklärung. Mit Sicherheit kann ich Ihnen sagen: Je öfter Sie diesen Pfad in Ihrem Gehirn bahnen, desto schneller erreichen Sie den Zugang zu sich, Ihren urteilenden Gedanken, Ihren Gefühlen und Bedürfnissen und können sich in kürzerer Zeit äußern. Der Weg lohnt sich! Auch wenn es anfangs nicht so schnell und erfolgreich gelingt, wie Sie es sich wünschen, geben Sie bitte nicht auf. Machen Sie es sich zur Gewohnheit, sich zunächst bewusst einen Moment zur Selbstklärung zu gönnen, sich vielleicht Ihre zwei Hauptbedürfnisse aufzuschreiben, bevor Sie in ein Gespräch gehen. Die Ergebnisse werden Ihnen langfristig selbst zeigen, welchen Unterschied solch eine Herangehensweise für Sie macht.

Sicher ist es nach diesem Schritt überflüssig, sich jemals wieder als Opfer zu sehen und andere für unsere Gefühle verantwortlich zu machen. Der Weg zu klarer, prägnanter Kommunikation ist mit diesem Bewusstsein und diesen vier Elementen frei.

## 4.2 Auf einen Blick: Die Selbstklärung

Hier auf einen Blick einmal die Elemente des Gesunden Kommunizierens, die in der Selbstklärung und bei gesunden Konfliktgesprächen den Qualitätsunterschied ermöglichen:

- beurteilende Gedanken erkennen und eine pure Wahrnehmung herausfiltern.
- Gefühle benennen statt Gedanken oder Interpretationen. Bitte beachten Sie, dass Formulierungen wie »Ich fühle mich ausgenutzt/unfair behandelt oder übergangen« anschuldigen. Der Sprecher sieht sich als Opfer. Doch, nicht die anderen, sondern jeder selbst ist für seine Gefühle verantwortlich.
- Bedürfnisse/Werte offen aussprechen, statt selbst nicht zu wissen, was einem wichtig ist oder vorschnell Lösungen finden zu wollen, ohne die Wurzel eines Konflikts oder Problems erkannt zu haben, welches dann relativ schnell wieder auftauchen wird.
- Formulieren Sie konkrete Bitten, statt Forderungen zu stellen oder dem Gegenüber gar nicht zu sagen, was Sie von ihm/ihr erbitten.

Mit diesem Handwerkszeug und der Überzeugung, dass Menschen mit allem, was Sie tun, versuchen, eigene Bedürfnisse zu erfüllen, können Gespräche klar, Konflikte offen, Meetings effizient und Beziehungen sinnvoller geführt werden.

Für Unternehmen und Organisationen, die ihre Führung zukunftsfähig aufstellen wollen, sind darüber hinaus einige Fragen relevant, die nur individuell beantwortet werden können:

**Kurzer Check-up für Unternehmen, Organisationen, Institutionen**

- Was bringt Ihnen ein Bedürfnisbewusstsein, und was sind Sie bereit dafür zu tun?
- Wen brauchen Sie zu Beginn für die Entwicklung eines Umdenk- und Kulturentwicklungsprozesses?
- Wie und wo überall kann das Prinzip Selbstverantwortung im Unternehmen sichtbar werden?
- Wie können Sie diejenigen einbeziehen, die involviert werden möchten?
- Welche neuen Denkweisen, Strategien und Prozesse sind dafür nötig?

## 4.3 Wie »Macht über andere« sich auswirkt

Werfen wir einen genaueren Blick darauf, wie Macht als Führungsinstrument im Unternehmenskontext Wachstum und Entwicklung behindert, wenn ein Macht-über-Bewusstsein vorherrscht.

Die meisten Unternehmen sind hierarchisch gegliedert, mit einem Vorstand oder Eigentümer an der Spitze, gefolgt von der Geschäftsführung, dem mittleren Management, der Teamleitung und den Mitarbeitern ohne Führungsaufgaben. Dasselbe gilt in abgewandelter Form auch für organisierte soziale Gruppen jeglicher Art, vom Verein über Schulen, Universitäten und Parteien bis hin zur familiären Gemeinschaft.

**Hierarchien per se sind nicht negativ – es kommt darauf an, wie sie gestaltet werden:** An der Spitze der Hierarchie sitzt in herkömmlichen Strukturen die meiste Macht, die in Form von Anweisungen, Forderungen, Druck, Erwartungen und Zielvorgaben nach unten verteilt wird: Der Vorstand trifft eine Entscheidung, die die Geschäftsführung zum Beispiel in Gestalt von Zielen an die Abteilungsleiter weitergibt. Die weisen wiederum ihre Teamleiter an, auf eine vorbestimmte Art und Weise zu handeln, und am Ende dieses Weges landen konkrete Arbeitsvorgaben bei den Mitarbeitern auf der untersten Ebene der Hierarchie. Bis dahin ist jedoch – ähnlich wie bei der stillen Post – an irgendeiner Schnittstelle aus einer begründeten Entscheidung eine sinnleere Anweisung geworden, über die sich Mitarbeiter wundern oder ärgern.

Gleichzeitig wird allerdings von den Mitarbeitern verlangt, dass vorgegebene Ziele erreicht werden und sie sich voll dafür engagieren.

Doch wann engagieren wir Menschen uns voll und ganz?

Solange Mitarbeiter noch immer den Eindruck haben, dass sie nur an Kennzahlen und Ergebnissen gemessen werden, werden sie sicherlich auch nur einen Bruchteil ihres Potenzials in die Firma einbringen. Wenn ein Arbeitgeber oder Vorgesetzter 100 Prozent Leistung bezahlt, doch nur etwa 60 bis 70 Prozent des Möglichen vom Arbeitnehmer erhält, stellt sich für mich die Frage, warum sie nicht nachfragen, was diese Menschen brauchen, um sich wohlzufühlen und ihr Bestes zu geben. Bezogen auf Lernen und Arbeiten hat die Neurowissenschaft schon vor Jahren eindeutig bewiesen, dass das Klima, die emotionale Sicherheit die Basis für Leistung und Lernen bildet.

Die langfristigen Folgen einer solchen Kultur im Unternehmen sind hinlänglich bekannt: Frustration, Leistungsabfall, Rückgang der Kreativität und damit der Innovationskraft, wenig Freude an der Arbeit, mehr Krankentage, innere Kündigung, im schlimmsten Fall Burnout und Ausfall von Mitarbeitern. Jede Ausübung von »Macht über« andere hat einen Preis. Jedes Mal, wenn jemand, weil es schnell gehen »muss«, allein und über die Köpfe anderer hinweg entscheidet, kostet das etwas – sei es ein Stück Loyalität, Engagement, Vertrauen, Motivation, ein nominal messbarer Verlust oder im Wiederholungsfall irgendwann einen wertvollen Mitarbeiter. Manchmal ist die Ausübung von »Macht über« diesen Preis tatsächlich wert. In der alltäglichen Führungspraxis aber ist der Preis für das Machtwort, das zu Gewinnern und Verlierern führt, langfristig höher als der Gewinn.

## 4.4 Wie Sie »Macht über« erkennen: Zeichen ungesunder Machtausübung

Ob bei Ihnen persönlich, in Ihrem Unternehmen, in Ihrer Familie oder in anderen Beziehungen die Strategie »Macht über« die Oberhand hat, können Sie relativ leicht feststellen, indem Sie auf Formulierungen und Verhaltensweisen achten, die Sie und Ihr Umfeld an den Tag legen.

Die meisten Machtworte sind Sprachmuster, die sich einer irgendwie gearteten moralischen Argumentation von Schuld und Scham bedienen, oftmals führt der Sprecher mehr oder weniger versteckt bestimmte Verpflichtungen oder moralische Wertvorstellungen ins Feld, um Menschen dazu zu bewegen, die Dinge zu tun, die er gerne hätte. Drohungen sind eine nächste Stufe, die ein Machthabender insbesondere dann nutzt, wenn sich jemand gegen die »Verantwortungskeule« immun zeigt. Absolute Aussagen, die keinen Spielraum für Argumentation lassen, sind ebenfalls ein Mittel autoritärer Kommunikation, wie die meisten sie aus ihrer Kindheit oder Jugendzeit kennen – denn dort, in unseren Schulen, Familien und Ausbildungsstätten werden wir auf das machthierarchische Denken programmiert. Sehr viele sind systematisch im weiteren Verlauf ihres Lebens zu Ja-Sagern geworden, die lieber nichts hinterfragen und sich Macht lieber unterordnen, als sie sich zu nehmen (Sie wurden zu den X-Menschentypen, die ich eingangs beschrieb).

**Beispiele für Machtworte (also Macht-über-Formulierungen)**

- »Sie sollten sich schleunigst um das Chaos in Ihrem Team kümmern.«
- »Sie müssten dringend mal Ihre Prioritäten überdenken.«
- »Kümmern Sie sich nur um Ihre Aufgaben«
- »Dich hat niemand gefragt.«
- »Wir haben beschlossen, das ab morgen so zu machen. Halten Sie sich bitte daran.«
- »Es interessiert mich nicht, wie andere das machen.«
- »Sparen Sie sich Ihre Worte, wir haben bereits festgelegt, dass wir es so machen.«
- »Ihre Abteilung übernimmt ab sofort den Aufgabenbereich XY.«
- — Schweigen —
- »Frag nicht andauernd – halt mal die Luft an und mach einfach.«
- »Sie arbeiten ab dem nächsten Ersten in einer neuen Abteilung.«
- »Das Gespräch ist jetzt beendet.«
- »Ich habe diesen Monat keine Zeit für ein Gespräch mit Ihnen.«
- »Seien Sie doch nicht immer so empfindlich!«
- »Keine Diskussion – das wird jetzt so gemacht!«
- »Wenn Sie das Problem nicht lösen können, dann muss ich Ihnen das Projekt entziehen.«
- »Herr Wiedemann hat das in seiner Abteilung besser gemacht.«
- »Wenn man nicht alles selbst macht, geht hier nichts voran.«
- »Verhandeln hatte ich Ihnen gesagt, nicht verschenken!«

Neben solchen Äußerungen zählen selbstverständlich eine ganze Reihe körpersprachlicher Ausdrücke – Mimik, Gestik – zu den Zeichen einer Macht-über-Kultur.

**Nichtsprachliche Signale der Macht (also Macht-über-Kultur)**

Dazu gehören:

- abwertende Handbewegungen,
- Augenrollen,
- Stirnrunzeln,
- Wegdrehen,
- Wegsehen – fehlender Augenkontakt,
- energisches Verlassen des Raumes,
- Kopfschütteln …

Kommunikation aus der Macht-über-Haltung heraus bedient sich also vorwiegend manipulativer Mittel: Der Angesprochene soll dazu bewegt werden, sich unterzuordnen und ein gewünschtes Verhalten an den Tag zu legen. Belohnungen (Beförderung, attraktive Aufgaben, Lob vor allen, Geld …) und Bestrafungen (Ausschluss von Informationen, anderes Büro, vorenthalten anspruchsvoller, interessanter Projekte oder Aufgaben, Zusatzaufgaben, die keiner gerne macht …) verdeutlichen, welches Handeln erwünscht ist. Beweggründe – also den Sinn, die Absichten oder Ziele – hinter Anweisungen und Bitten, legt der Führende nicht offen, er drückt sich vielmehr um eine Selbstklärung, um wertschätzende Sprache und einen Umgang auf Augenhöhe, solange er sich für verschleiernde, manipulative Ausdrucksweisen entscheidet. Bitten werden zwar freundlich und als Frage formuliert, doch ein Nein wird nicht akzeptiert! Mögliche Potenziale der Mitarbeiter bleiben ungenutzt. Der Führende bleibt übrigens oftmals schmerzlich allein mit seinen Machtmöglichkeiten.

In Unternehmen, Schulen, Familien oder Gruppen, in denen Formulierungen wie die oben genannten an der Tagesordnung sind, gibt es unter den Mächtigen bestimmte Denkmuster, die auf eine Macht-über-Haltung hinweisen und darauf hindeuten, dass die Führung in diesen Unternehmen auf die hierarchische Unterordnung und Kontrolle von X-Typen ausgerichtet ist.

Bevor Sie die folgenden Beispiele betrachten, bitte ich um Vorsicht: Geraten Sie hier nicht ins sofortige Verurteilen und Bewerten! Auch hinter diesen Äußerungen steckt der Versuch, sich ein Bedürfnis erfüllen zu wollen – nur machen sich die allerwenigsten das klar und können somit nicht konkret ansprechen, was sie stört oder was sie gerade brauchen. Deshalb tragen solche Überzeugungen oder Aussprüche zur Trennung statt zur Verständigung bei.

Innerhalb des Kreises der Machthabenden wird über die Untergebenen in dominanzhierarchischen Unternehmen zum Beispiel so gesprochen oder gedacht:

**Typische, wertende Äußerungen von »Machthabenden« in Dominanzhierarchien**

- »Besser, wenn die am Telefon/in der Produktion/in der Fläche die Politik nicht kennen.«
- »Du bist zu jung, zu unerfahren, zu alt für ...«
- »Die brauchen das gar nicht zu wissen.«
- »Die bekommen gutes Geld, die sollen etwas leisten und müssen nicht alles verstehen.«
- »Das können die nicht begreifen – das ist viel zu komplex.«
- »Die wollen das doch gar nicht genau wissen.«
- »Bis wir denen das alles erklärt haben ... – entscheiden wir das lieber jetzt schnell ohne sie.«
- »Man muss sie immer wieder kontrollieren, sonst tun sie einfach zu wenig.«
- »Mancher drückt sich, wo es nur geht.«
- »Mitdenken ist Glücksache.«
- »Die wollen doch gar nicht wirklich wissen, was los ist.«
- »Wir können da nicht alle einbeziehen, das führt doch zu weit und lähmt uns.«
- »Die haben doch gar nicht den Blick für das große Ganze.«

All diese Äußerungen sind nicht frei von mir erfunden; ich habe sie tatsächlich gehört.

In jedem Unternehmen, jeder Familie, jeder Gruppe, in der so über andere gesprochen oder gedacht wird, wird »Macht über« ausgeübt, anstatt »Macht miteinander« anzustreben – mit den entsprechenden Folgen. Denjenigen in der Hierarchie, die sich dieser Form der Machtausübung unterordnen, bleibt die Unterwerfung oder die Auflehnung, also **Ohnmacht oder Rebellion** – und in der Konsequenz das Ausführen oder das Torpedieren beziehungsweise Verweigern von Anweisungen. Solange diese Ordnung aufrechterhalten bleibt, kann von exzellenten Leistungen und begeistertem Miteinander keine Rede sein.

Stellen selbstbewusste Mitarbeiter berechtigte Fragen zur Vorgehensweise oder zu Entscheidungen (ich meine keine permanenten Nörgler oder Menschen, die Veränderungen durch Fragen aufhalten wollen, sondern tatsächlich berechtigte, sinnvolle Fragen, die dem Gesamtunternehmen sehr wohl dienen), höre ich des Öfteren, dass sie von ihrer Führungskraft als schlechtes Beispiel hingestellt werden, indem sie als nicht führbar eingeordnet werden. Diese Vorgehensweise macht deutlich, dass Mitdenken oder Nachfragen nicht erwünscht, sondern eindeutig zu anstrengend sind. Führende, die einen gesunden Selbstwert haben, heißen berechtigte kritische Nachfragen oder Hinweise hingegen unbedingt als Form des Mitdenkens willkommen.

*Letztlich gibt es nur zwei Quellen, aus denen Menschen schöpfen: aus Angst beziehungsweise Misstrauen oder aus Liebe beziehungsweise Vertrauen.*

# 5.
# Vorbild Natur: Biointelligente Grundlagen für »Macht miteinander«

Von der Natur können wir viel über den Weg von »Macht miteinander« lernen. Jeder Organismus beruht auf einem intelligenten, förderlichen Zusammenwirken seiner Teile. Jede einzelne Zelle leistet ihren ureigensten Beitrag und ist wichtig für die Gesundheit und Leistungsfähigkeit der nächstgrößeren Einheit, ihres Teams – zum Beispiel eines Organs. Mehrere Organe wiederum wirken innerhalb eines Organsystems zusammen, das nur dann funktioniert, wenn jedes einzelne Organ optimale Bedingungen hat, um seine Aufgaben zu erfüllen. Alle kleinen und größeren Teile und Zusammenhänge ergeben nur als Ganzes einen gesunden Organismus. Jeder Teil erfüllt spezielle Aufträge, doch zusammen dienen sie alle dem gleichen Zweck: einem gesunden, glücklichen und erfüllenden Leben.

In Unternehmen und anderen Umfeldern ist es im Prinzip genauso. Erst ein gesundes und vertrautes Miteinander und die Neugier, welche Talente, Begabungen oder Interessen jedes Individuum mitbringt, sorgen dafür, dass sich die Potenziale aller für ein Erreichen der gemeinsamen Ziele beruflich wie privat aufaddieren können.

Die Ermächtigung der Mitarbeiter nach diesem Vorbild wird durch einige grundlegende Voraussetzungen erleichtert, die es innerhalb der Führungskultur zu schaffen gilt. Dazu gehören klare Ziele, die alle kennen, die Entwicklung eines Bedürfnisbewusstseins, die Bereitschaft hundert Prozent Verantwortung für die eigenen Gefühle zu übernehmen, neue Sprach- und Hörmöglichkeiten sowie die Überzeugung, dass jeder Mitarbeiter, jedes Vereins- oder Familienmitglied über besondere Fähigkeiten verfügt, die für die Gemeinschaft wertvoll sind. Diese Voraussetzungen führen zu einer Haltung, die offen ist für andere Meinungen und Vorgehensweisen.

Vereinfacht formuliert geht es immer darum, verstehen zu wollen und verstanden werden zu wollen, statt zu befehlen und Gehorsam oder Gegendruck zu fördern. Das nämlich ist Ressourcenverschwendung, schwächt den Organismus und führt in der Natur zu einem baldigen Tod. Nutzen wir die Chance möglichst rechtzeitig, einen bewussten Umgang mit unserem wertvollsten Gut, unserer Gesundheit, zu pflegen – das unterstützt die Resilienz der Einzelnen.

»Macht miteinander« meint nicht, dass Sie als Führungskraft Ihren Mitarbeitern großzügig Verantwortung übertragen und sie damit überfordern. Oder es so unglücklich wie folgt formulieren: »Ich übertrage dir die Verantwortung für dieses gesamte Projekt. Es ist anspruchsvoll – hau rein und enttäusch mich nicht!« Das klingt leider für manchen Empfänger eher nach einer Drohung als nach Ermächtigung: In diesem Fall haben Sie als Führungskraft offensichtlich selbst Druck im Nacken, das Projekt wirklich erfolgreich abzuliefern. Doch statt dies offen auszusprechen und transparent zu machen, versuchen Sie mit dem »enttäusch mich nicht« den Mitarbeiter dazu zu bringen, auch wirklich zu 110 Prozent zu performen. In den meisten Fällen würde die Führungskraft allerdings mehr Engagement ernten, wenn sie sich offen mitteilen und ansprechen würde, was an diesem Projekt hängt und wie wichtig es ist. Verantwortung, die zu qualitativ hochwertigen Ergebnissen führt, lässt sich nicht erzwingen. Eine andere Form Mitarbeiter, Schüler, Familienangehörige zu demotivieren ist, dass ein Führender etwas delegiert, doch dann ständig selbst entscheiden will, kontrolliert, nachfragt, anstatt den anderen zu vertrauen.

Menschen übernehmen erst motiviert und verlässlich Verantwortung, wenn sie Freude, Selbstbestimmung sowie eine wertvolle Bedeutung, also einen Sinn, erkennen können, in dem, was sie leisten sollen. Das ist wichtig anzuerkennen, da die Art der Verantwortung, wie wir sie im Gesunden Kommunizieren und Führen anstreben, immer die ist, die jemand aus freien Stücken übernehmen will, weil er sich, anderen oder dem Unternehmen wichtige Bedürfnisse erfüllen möchte. Daher sprudelt seine Begeisterung, da entspringt ein Qualitätsanspruch, da sprießen Ideen – wie es unter anderen Vorzeichen längst nicht der Fall wäre.

Ein Faktor, den wir in der Natur finden, ist der sogenannte Minimumfaktor. Er besagt, dass genau der Nährstoff der nicht ausreichend vorhanden ist, das Wachstum und die Entwicklung einer Pflanze begrenzt. Genauso ist es bei uns Menschen im übertragenen Sinne im Bezug auf unsere Bedürfnisse. Das Bedürfnis, welches gerade bei uns unterversorgt, vielleicht schon länger nicht genährt ist, wird uns irgendwann in unserer Weiterentwicklung behindern oder eingrenzen. Finden Sie heraus, welches Ihr Minimumfaktor ist, können Sie klar ansprechen, was Sie benötigen. Finden im Umkehrschluss Vorgesetzte heraus, welches Bedürfnis bei ihren Mitarbeitern jeweils das ist, was gerade Dünger braucht, könnten sie ihre Mitarbeiter deutlich leichter fördern und Aufgaben übertragen, die ihren Anforderungen optimaler entsprechen. Dafür ist die Entwicklung eines Bedürfnisbewusstseins von großer Hilfe, unablässig ist allerdings das neugierige und explorierende Gespräch zwischen dem Führenden und dem Geführten. Wir sind nicht alle Tannen – jeder braucht andere Standortfaktoren, Boden-, Licht-, Wasser- oder Gruppierungsverhältnisse.

Um langfristig Mitarbeiter zu Mitunternehmern zu machen, die auch solche sein wollen, braucht es zuerst die Entscheidung der Führungskräfte, echte »Macht miteinander« zu wollen. Dann können sie beginnen, die Prinzipien des gesunden Führens zu fördern.

## 5.1 Pflegeanleitung für gesunde Führungshierarchien

Um Mitarbeiter bis hinunter an die Basis zu ermächtigen, sind mehrere Schritte nötig:

**1. Basisanalyse – Klärung des Status quo:** Welches Bewusstsein gibt es heute für Werte, Ziele, Visionen, Philosophien, Miteinander, Verantwortung, Strategien und Strukturen in unserer Gemeinschaft/Firma? Wie wird Führung wahrgenommen? Welche »heißen Themen« gibt es aktuell? Wo liegen Entwicklungspotenziale und -märkte? Wie wollen wir uns ausrichten, was wollen wir nicht (welche Märkte, welche Verträge, welche Kunden)?

**2. Ausbildung und Weiterbildung aller Führungskräfte auf Grundlage der in der Basisanalyse (Punkt 1) erkannten Unternehmensthemen:** Bewusstsein, Werte, alte Denkmuster verabschieden, neue Einstellungen, neue

Sprache, Hinhören und Nachfragen trainieren, um gemeinsame Ziele auf neuen Wegen miteinander zu erreichen. Kontinuierlicher Aufbau einer Haltung voller Zuwendung, ja des Dienens. Schulung spezieller Kommunikations- und Feedbackkompetenz mit Bedürfnisbewusstsein.

**3. Ausbildung der Mitarbeiter:** Selbstannahme, Selbst- und Mitverantwortung, Gesprächs- und Klärungskompetenz, Aufrichtigkeit ohne Jammern und Nörgeln, Empathie, konstruktives Mit- statt Über- oder Gegeneinander, Bewusstsein für eigene Bedürfnisse und die des Gesamtorganismus, Dankbarkeit, Flexibilität und Potenzialentfaltung.

**4. Neugestaltung** von Meetings, Konferenzen sowie Einstellungs- und Kündigungsgespräche mit (potenziellen) Mitarbeitern.

**5. Einführung neuer Entscheidungsprozesse** und strukturelle Veränderungen, wo sie hilfreich und nötig sind; Ausbildung von Botschaftern im Unternehmen.

## 5.2 Gesundes Kommunizieren: Der Weg zu »Macht miteinander«

Die Lebenshaltung des Gesunden Kommunizierens und Führens, basierend auf dem Gedankengut der Gewaltfreien Kommunikation nach Marshall B. Rosenberg und ihren vier Schritten, sind der Schlüssel zu einer transparenten, vertrauensvollen und innovativen Kultur in Unternehmen, Organisationen, Familien und Schulen. Sie sind in jeder schwierigen Situation im Alltag nützlich.

- Sie ermöglichen leichtere, individuellere Lösungen für Einzelne.
- Führungsüberlegungen und Entscheidungen können damit deutlich transparenter und nachvollziehbarer kommuniziert werden.
- Erfreuliche Entwicklungen sowie unpopuläre Maßnahmen (Kündigung, Kurzarbeit, Trennung, Krise) werden klar und einfühlsam offengelegt.

Das Ziel besteht darin, dass die Adressaten wahrnehmen, dass die Führenden sie einbeziehen wollen und eine Vertrauenskultur mit all ihrem Tun anstreben. Dieses Handwerkszeug gibt Mitarbeitern und Führungskräften mehr Leichtigkeit und die Möglichkeit, deutlich wirkungsvoller für sich einzustehen. Kurz: Selbstwirksamkeit erhöht die Zufriedenheit. Die veränderte Haltung und Sprache führt dazu, dass Teams und Abteilungen eines Unternehmens leichter an einem Strang ziehen, anstatt sich an ungelösten Konflikten aufzureiben.

Klassische Führungskonzepte, die aus einer Führung qua Machtwort von oben nach unten oder Aussitzen und Stillhalten resultieren, die den Mitarbeitern ein bestimmtes Ziel alternativlos vorgeben, Abläufe fest definieren, Ergebnisse engmaschig kontrollieren und auf Zahlen reduzieren, dabei aber weder Freude, Sinn noch Erfüllung ihrer Mitarbeiter im Blick haben, werden nur in wenigen Bereichen noch Erfolg haben können. Nach den Phasen der bisweilen entmenschlichten Effizienzsteigerung in der Wirtschaft mit der Folge des reinen Gewinnstrebens erscheinen seit einiger Zeit Veränderungszeichen einer neuen Wirtschaftskultur am Horizont. Firmen wie Google, BSO/Origin IT Consulting in den Niederlanden, Patagonia, Gore, Morningstar in den USA oder die Great-Place-to-work-Unternehmen in Deutschland, aber auch die ESBZ Schule in Berlin machen durch außergewöhnliche Erfolge und innovative Strukturen im Miteinander auf sich aufmerksam. Sie wollen ein bewusstes und verantwortliches Business beziehungsweise Bildungsangebot bieten und legen Wert auf Ganzheitlichkeit, Vernetzung und Gleichwürdigkeit aller. Die jeweiligen Verantwortlichen wissen: Es geht nicht um eine Entscheidung zwischen Gewinn und Effizienz versus Mensch und seine Bedürfnisse oder Werte, sondern vielmehr um einen menschlich erfolgreichen Weg, um ein integriertes Sowohl-als-auch, um Effizienz, Gewinn mit, für und durch die Menschen. Dieser Weg bringt besondere Resultate hervor. Im Bemühen um eine Kultur der Potenzialentfaltung in Schulen, Partnerschaften und Unternehmen werden die Burn- und Bore-out-Raten sicher sinken.

Gesundes Führen zielt darauf ab, die Bedürfnisse der Einzelnen, des Teams, des gesamten Unternehmens und der Umgebung im Blick zu haben. Das bedeutet nicht, dass immer alle Wünsche erfüllt werden. Entscheidend ist, dass alle Beteiligten, die Wert darauf legen, bedacht und gleichwertig gehört werden, anstatt dass die Bedürfnisse eines Chefs mehr zählen als die eines Mitarbeiters. Wer sich auf diesen Weg macht, möchte die Seele seines Unternehmens oder Teams, also die Menschen, in den Fokus stellen. Häufig ist mir aufgefallen, dass überraschend viele Mitarbeiter ihr Unternehmen erst durch den gemeinsamen Veränderungsprozess so kennenlernen, dass sie in der Folge mehr Verständnis für Entscheidungen aufbringen, die der Sicherung des Unternehmens dienen – ab diesem Zeitpunkt hegen sie seltener den Verdacht, dass Maßnahmen gegen sie persönlich gerichtet seien. Um die Beteiligung möglichst vieler Personen und den zeitlichen Aufwand in Balance zu halten, braucht es neue Entscheidungsmethoden für große Gruppen. Ich nutze dafür das Systemische Konsensieren – vergleichen Sie dazu: *www.sk-prinzip.de*.

Wenn alle Beteiligten bewusster und verantwortlicher denken und kommunizieren, ergibt sich ein anderes System des Miteinanders. Hier lässt sich unternehmerische Mitverantwortung über die gesamte Fläche des Unternehmens verteilen.

Erlauben Sie mir einmal mehr einen Vergleich aus der Natur heranzuziehen. Die Unternehmensform der Zukunft ist vergleichbar mit einem Seestern. Diese Organismen zeichnen sich dadurch aus, dass aus jedem einzelnen Bein eines Seesterns wieder ein vollständiger neuer Seestern entstehen kann – weil in jedem Bein alle Fähigkeiten und Informationen vorhanden sind, die auch den gesamten Organismus lebensfähig machen.

Nachfolgend betrachten wir einige grundlegende Schritte des Gesunden Kommunizierens, die Ihnen tagtäglich dabei helfen können, »Macht miteinander« im Unternehmen oder Ihrem Umfeld zu leben.

## 5.3 Der erste Schritt zur Erkenntnis: Die aufrichtige Selbstklärung

Gesundes Kommunizieren geht – in Anlehnung an die Gewaltfreie Kommunikation – davon aus, dass allem, was Menschen tun, der Versuch zugrunde liegt, sich ein Bedürfnis zu erfüllen. Die meisten Menschen reagieren im Gespräch jedoch nicht bewusst aus diesem Bedürfnis heraus, weil ihnen dieser Zusammenhang gar nicht klar ist. Selbst das Gefühl, das die Situation in Bezug auf ihr Bedürfnis auslöst, machen sich die meisten nicht bewusst. Vielmehr reagieren sie sofort impulsiv, teilweise wie ferngesteuert.

Solange wir uns nicht selbst klären können, kommunizieren wir oftmals unbewusst und unklar, was für andere irritierend bis verletzend sein kann. Selbst sind wir dann gern beleidigt oder wütend, was uns eher von anderen trennt als in Verbindung bringt.

Auf Dauer führt unbewusste Kommunikation zu gestörten Beziehungen. Die Selbstklärung ist eine einfache Methode, die es uns ermöglicht, uns die Kette von der Wahrnehmung (dem eigenen, oft fantasiereichen Kopfkino) über das Gefühl und das dahinterliegende Bedürfnis bis hin zur konkreten Bitte bewusst zu machen. Anschließend können wir genau, ehrlich und gezielt ohne Vorwürfe ansprechen, was gerade in uns los ist und klären, was zu klären ist. Betrachten wir an einem Beispiel, wie die Selbstklärung funktioniert:

## 5.4 Beispielszene: »Präsentation bis morgen, bitte!«

***Beispiel: »Jetzt stellen Sie sich mal nicht so an!«***

*Benjamin ist im Stress: Morgen früh findet ein Termin mit dem wichtigsten Kunden seiner Firma statt. Benjamin wollte eigentlich zur Abwechslung mal pünktlicher Feierabend machen – aus seiner Sicht war das Gespräch fertig vorbereitet. Doch vor fünf Minuten hat sein Chef Michael ihm eine E-Mail geschrieben: »Wir brauchen für den Termin morgen früh noch eine knackige PowerPoint-Präsentation mit den relevanten Fakten und Zahlen. Ich zähle auf dich – sei morgen gut vorbereitet, wenn ich dir das Stichwort für die Präsentation gebe!«*

*Na großartig, denkt sich Benjamin – es ist 18 Uhr, und jetzt das ... So ein Mist! Schlechter Stimmung schlägt er sich den Abend im Büro um die Ohren, um eine gute Präsentation vorzubereiten. Zeit mit seinen Kindern bleibt ihm nicht mehr, auch seine Frau ist genervt. Es ist nicht das erste Mal, dass es so läuft. Aber was soll er denn schon machen? So ist das eben mit dem Chef.*

*Der nächste Morgen: Seit zwei Stunden sitzen Benjamin, Michael und die anderen aus dem Team nun schon mit dem Kunden zusammen. Die Verhandlung läuft zäh, doch nach zwei Stunden ist eine Einigung erzielt und Michael schlägt vor, den Termin für heute zu beenden. Benjamin traut seinen Ohren nicht: Soll das ein Witz sein?! Wir haben die Präsentation überhaupt nicht angeschaut. So ähnlich hat Michael das schon einmal mit mir gemacht – jetzt reicht es!*

*Mit Mühe hält Benjamin an sich, bis die Kunden verabschiedet sind. Dann aber baut er sich vor Michael auf und es platzt aus ihm heraus: »Denkst du, andere haben überhaupt kein Privatleben oder was? Immer müssen alle für dich springen – Hauptsache es passt für dich! So kannst du mit mir nicht umgehen!«*

*Benjamin ist selbst überrascht darüber, was er da gerade gesagt hat. Wo kam das denn plötzlich her? Michael ist nicht minder irritiert, als er fragt: »Sag mal, wie redest du mit mir? Würdest du mich mal aufklären, warum du mich hier nach einer erfolgreichen Verhandlung derart angehst?«*

*»Das fragst du noch? Ist das dein Ernst? Ich schlage mir hier wieder mal den Abend um die Ohren, um noch kurzfristig die von dir gewünschte Präsentation auf die Beine zu stellen, und dann lässt du sie einfach weg! Oder hast du schon wieder vergessen, dass du mich gestern Abend damit beauftragt hast?!«*

*Michael erinnert sich natürlich an die Präsentation, denn die wäre im Falle eines Falles bedeutsam gewesen – nämlich falls der Kunde die Verhandlung mit Grundsatzfragen verschleppt hätte. Oder als Joker im Ärmel, wenn sich heute noch Grundsatzfragen zur Verteilung der Aufgaben ergeben hätten. Ein gesetzter Punkt auf der Agenda war sie für ihn jedoch nicht gewesen. Warum Benjamin sich deshalb so aufregt, nachdem der Termin doch gut gelaufen und der Auftrag gesichert ist, versteht er nicht. Das war doch das Ziel? Genervt gibt er zurück: »Benjamin, jetzt reg dich mal nicht so auf! Du hast es doch gesehen – wir haben die Präsentation heute nicht gebraucht. Vielleicht brauchen wir sie beim nächsten Treffen, und dann hast du sie in der Schublade. Was machst du für ein Theater deswegen?«*

*»Ja, klar, dann sind die Zahlen ja auch sicher noch aktuell«, brummelt Benjamin abgewendet und kopfschüttelnd im Hinausgehen.*

*Daraufhin knallen zwei Türen: erst die von Benjamin, der Michael danach stehen gelassen hat und in sein Büro gegangen ist. Und dann die von Michael, der sich fragt, was Benjamin sich dabei denkt, so mit ihm zu reden.*

Dieses Gespräch hätte deutlich anders verlaufen können. Mehr noch: Zu einer so aufgeladenen Situation mit gegenseitigen Angriffen hätte es gar nicht erst kommen müssen, wenn Benjamin und Michael sich der praktischen Hilfen des Gesunden Kommunizierens und Führens bedient hätten. Leider ist die Situation jedoch typisch für die Kommunikation in vielen Unternehmen: Probleme stauen sich auf, bis es durch einen manchmal nur noch kleinen Auslöser zu einer heftigen Entladung kommt.

Besonders wenn Autoritätspersonen etwas von uns verlangen, was wir nicht wollen oder was zeitlich gerade nicht passt, halten wir still oder sagen Ja, obwohl wir es nicht tun wollen. Wir haben gelernt, brav zu sein, Angst zu haben vor unangenehmen Konsequenzen – und zahlen den Preis dafür, dass wir uns hier und da verleugnen und irgendwann unzufrieden oder sogar krank werden. Wir haben gelernt, dass wir unsere Bedürfnisse nach Harmonie und Anerkennung von Eltern, Lehrern, Chefs, Partnern und Kollegen am leichtesten dadurch erfüllt bekommen, dass wir gehorchen, uns also unterordnen. Wir kennen oftmals keinen Weg, der es uns ermöglicht, Rücksicht auf die eigenen Gefühle und Bedürfnisse zu nehmen, auch mal nein zu sagen und dabei gleichzeitig in Verbindung mit dem Gegenüber zu bleiben.

Dominanzhierarchische Macht-über-Strukturen in Unternehmen und Organisationen lehnen es ab, Einfühlung auszuprobieren, denn Gehorsam und Unterordnungsmentalität sind bequemer und gewohnter. Sie kalkulieren mit Angst, die das Gegenüber von offenen Worten abhalten soll. Brave Mitarbeiter haben gelernt, ihre Wut zu unterdrücken und immer weiter aufzustauen. Manche schämen sich sogar dafür, dass sie Wut überhaupt empfinden – oder es wird ihnen gar nicht klar, dass sie wütend sind, weil sie sich solche Gefühle, zumindest im Arbeitskontext, nicht (mehr) zugestehen. Mit der Erklärung »Das ist eben so« nehmen sie hin, was mit ihnen gemacht wird, anstatt ihr Leben in die Hand zu nehmen. Stattdessen bekommt der Nächstbeste den Frust ab, der ganz woanders entstanden ist.

Macht das Sinn? Ist das gesund? Schenkt das Lebensqualität? Natürlich nicht – und das wissen wir alle! Wollen Sie lieber weiterhin brav Ja sagen oder aufrichtig für sich und Ihre Bedürfnisse einstehen?

Benjamins Irritation darüber, warum es so aus ihm herausplatzt, ist ein klares Anzeichen dafür, dass er kommuniziert hat, ohne sich vorher geklärt zu haben. Er gesteht sich gar nicht ein, dass er auch Nein zu Michaels Bitte hätte sagen können. Wer weiß, wie viele Situationen er schon ausgehalten hat, ohne seinen Ärger aufzulösen, seine Bedürfnisse anzusprechen und die Klärung mit Michael zu suchen. Wer weiß, wann genau er dieses Verhaltensmuster, das ihm früher sicher einmal sein Dazugehören gesichert hat, entwickelt hat.

Wie aber hätte er sein Anliegen mit Michael lösen können, anstatt die Situation durch seinen Ausbruch weiter zu verschlimmern und die Beziehung zum Chef zu belasten?

Zunächst sollte Benjamin seine beschuldigenden oder bewertenden Gedanken über sich selbst oder den anderen bewusst erleben und annehmen, bevor er sie anschließend durch seine Selbstklärung auflöst.

An diesem Punkt ist es hilfreich und wichtig, seinen Ärger zuzulassen, anstatt ihn wegzudrücken. Wichtig dafür ist: Tun Sie dies bitte nur, wenn die Person, auf die Sie gerade wütend sind, Sie ganz sicher **nicht** hört. Das ist für einen gesunden Umgang miteinander bedeutend und ein Schlüssel zu einer neuen Qualität in Beziehungen.

Der weitere Prozess der Selbstklärung, der alle Schritte des Gesunden Kommunizierens in sich vereint, sorgt in schwierigen Situationen für Durchblick, bevor sie eskalieren. Er beruht auf wenigen einfachen Fragen. Probieren wir sie einmal anhand Benjamins Situation aus:

**1. Beobachtung:** Was ist tatsächlich passiert beziehungsweise wurde tatsächlich gesagt? Unterscheiden Sie sauber zwischen dem, was tatsächlich gesagt wurde und dem, was Sie beziehungsweise Ihr Kopf daraus macht.

Michael hat Benjamin (gerade als der um 18:00 Uhr Feierabend machen wollte) gebeten, eine kurze Präsentation für den Termin am folgenden Morgen zu erstellen. Benjamin ist mehrere Stunden länger im Büro geblieben. Am Tag darauf, in der Besprechung mit dem Kunden, hat Michael die Sitzung beendet, ohne die Präsentation einzubinden.

Benjamin ist darüber wütend und frustriert. Seine Interpretation: Michael hat ihm egoistisch oder völlig unnötig den Feierabend genommen. Er denkt immer nur an sich, ist unachtsam und als Führungskraft inkompetent, da er seine Mitarbeiter nicht versteht – nicht verstehen will!

**2. Gefühl:** Wie geht es Benjamin mit dieser Situation?
Er ist wütend und schiebt die Verantwortung für dieses Gefühl noch seinem Chef zu. Er denkt nämlich über Michael, dass der ein selbstbezogener Sklaventreiber sei, ein unachtsamer Ausbeuter, der seine Macht willkürlich einsetzt und seinen Mitarbeitern Arbeit zuteilt – egal, ob die einen Sinn hat oder nicht.

Im Gesunden Kommunizieren übernehmen wir zu 100 Prozent Verantwortung für unsere Gefühle, denn wir wissen, dass Gefühle in uns selbst entstehen. Wir sind zufrieden, entspannt, glücklich oder dankbar, wenn Bedürfnisse, die uns gerade wichtig sind, erfüllt werden. Wir sind unzufrieden, ungeduldig, unglücklich oder wütend, wenn ein Bedürfnis, das uns gerade wichtig ist, nicht erfüllt wird. Wir wissen, dass hinter jedem Urteil ein unerfülltes Bedürfnis liegt, welches der Grund für unser Urteil ist.

**3. Bedürfnis:** Welches Bedürfnis steckt hinter Benjamins Gefühl?

Hinter Benjamins Wut stecken Bedürfnisse nach Sinn, Einfühlung, Wertschätzung und Einbeziehung: Er möchte gern den Sinn seines Tuns, seines Beitrags, den er zum Erfolg des Unternehmens leistet, erkennen und gewürdigt sehen und wünscht sich Anerkennung für sein hohes Engagement. Er hat den Eindruck, dass er sich ständig umsonst abmüht und für seine vielen Überstunden und die getane Arbeit nicht das zurückbekommt, was er gern hätte. Er wünscht sich Einfühlung für seine Situation. Er ist nicht Single oder unglücklich daheim, er – Benjamin – hat Familie und gerne Zeit für diese. Er würde darüber hinaus bitte von vornherein in Überlegungen zu Verhandlungen einbezogen werden – damit würden sie alle ihre Zeit sinnvoller nutzen und es würde ihm gleichzeitig Wertschätzung für seinen Einsatz geben.

**4. Konkret bitten/fragen:** Welche Bitte hätte Benjamin Michael gegenüber äußern können, um zu bekommen, was er braucht?

Benjamin könnte Michael zum Beispiel konkret darum bitten, ob er bereit wäre, ihn, Benjamin, zu den Vorbereitungen des Kundenbesuchs einzuladen. Er könnte auch die Bitte äußern, dass er bei allen Telefonaten vorab gern dabei sein möchte. Er könnte ihn zusätzlich um wöchentliche fünfzehnminütige Gesprächstermine zur gemeinsamen Abstimmung der To-dos in dieser Woche bitten, damit sich Präsentationen nicht in letzter Minute als notwendig herausstellen und sie gemeinsam den Sinn und den Arbeitsaufwand prüfen. Dann kann er auch besser für eine Balance in puncto Zeit für seine Familie und Zeit für seine Arbeit sorgen.

Der Anlass, dass Menschen etwas tun oder lassen, ist immer ein Bedürfnis – sie versuchen in erster Linie, sich ein Bedürfnis zu erfüllen. Niemals ist der erste Grund, anderen zu schaden.

Marshall Rosenbergs Gedankengut geht davon aus, dass Menschen nichts sagen oder tun, um anderen zu schaden, sondern der erste Beweggrund immer ein eigenes Bedürfnis ist, welches jemand gern erfüllt hätte. Wäre Benjamin das klar gewesen, hätte er die Situation am Abend gleich anders meistern können. Er hätte sich selbst klären oder dafür entscheiden können, durch Nachfragen zunächst verstehen zu wollen, was Michael mit der Präsentation möchte. Er hätte mit Michael in Verbindung treten können, anstatt Urteile über ihn oder sich selbst im Kopf zu pflegen. In einer Macht-miteinander-Kultur möchte der Vorgesetzte hören, wie die Welt seines Gegenübers aussieht, hier wäre es an Benjamin gewesen, zu sagen, worum es ihm geht, was er braucht und wie seine Welt aussieht. Solange Benjamin aber davon ausgeht, dass Michael nur an sich denkt und ein Sklaventreiber ist, den das Wohl seiner Mitarbeiter nicht sonderlich interessiert, wird es nicht zu einer Verbindung kommen, in der die beiden sich hören können.

Dieser einfache Prozess lässt sich auf alle Kommunikationssituationen anwenden – nicht nur im Unternehmen, sondern in jedem Kontext, beruflich wie privat. Diese Schritte beziehungsweise Fragen zur Selbstklärung können Ihnen in jedem Falle wirksam dazu dienen, klarer aus einer selbst bewusst gewählten Energie heraus zu reagieren, statt dass Sie sich dabei ertappen, dass gerade ein altes, gewohntes Reaktionsmuster abspult, was Ihnen nicht die gewünschte Gesprächsqualität bringt.

Die Elemente der Selbstklärung oder Selbsteinfühlung bilden auch gleichzeitig die Grundbausteine des Gesunden Kommunizierens – der Gewaltfreien oder klaren Kommunikation.

Trennen wir also Beurteilungen von dem, was tatsächlich gesagt wurde, klären die eigenen Gefühle und Bedürfnisse und äußern konkrete Bitten, können wir aufrichtig ansprechen, was uns wichtig ist. Indem wir bei uns selbst bleiben und niemanden angreifen, erhöht sich unsere Chance gehört zu werden. Dafür müssen wir nicht immer alle Elemente anwenden. Wichtig ist, dass Sie in ein bis zwei Sätzen prägnant formulieren, worauf Sie sich beziehen, wie es Ihnen geht, weil etwas Wichtiges gerade fehlt, und welche Bitte Sie an Ihr Gegenüber haben, damit die Aussichten steigen, dass das Fehlende wieder aufgefüllt wird.

Angesichts Michaels Unvermögen, mit Benjamins Gefühlsausbruch umzugehen, stünde seinem Führungsstil außerdem der zweite Aspekt des Gesunden Kommunizierens/des Rosenberg-Modells gut, der ebenfalls auf der bewussten Wahrnehmung der vier Schritte beruht, völlig neue Lösungen ermöglicht und Führungskräften hilft, die Gesprächsqualität und Dauer deutlich zu optimieren: das empathische Zuhören.

## 5.5 Konflikte tatsächlich lösen: Die Kraft der Empathie

Empathisches Hören ist die bewusste Entscheidung, den inneren Bewerter in uns für den Moment des Zuhörens gezielt abzuschalten und die eigene Meinung oder Lösung hintenan zu stellen. Erst dann ist es nämlich möglich, die Gefühle und Bedürfnisse der anderen aus ihren

Äußerungen herauszuhören, selbst wenn diese Kritik oder Vorwürfe äußern. Solange wir empathisch hören, geht es allein darum herauszufinden, wie es dem anderen gerade geht und worum es ihm in diesem Gespräch geht. Wir haben unsere Ohren auf Bedürfnisbewusstsein getunt – wir möchten die Bedürfnisse hinter den Worten aufspüren. Persönliche Bewertungskriterien im Kopf des Hörenden wie richtig oder falsch, dumm oder schlau, wichtig oder unwichtig haben jetzt keinen Raum. Es geht zunächst **nur** darum, den anderen wirklich verstehen zu wollen – ohne seine Worte zu bewerten oder zu beurteilen, weder mit Worten und am besten auch nicht mit dem Gesichtsausdruck oder dem Körper. Das wird Ihnen insbesondere anfangs noch nicht perfekt gelingen, aber darum geht es auch gar nicht. Perfektionsansprüche hindern uns daran, Neues auszuprobieren. Fangen Sie einfach an zu üben und geben Sie Ihr Bestes. Gehen Sie Schritt für Schritt weiter voran – jeder in seinem Tempo!

Wertungsfrei zuzuhören heißt übrigens nicht, dass wir automatisch mit dem Gehörten einverstanden sein müssten. Während des empathischen Zuhörens jedoch ist kein Platz für Einwände. Die Maxime des empathischen Zuhörens lautet:

***Connection before correction!***

Erst wenn wir in Verbindung sind, also die gegenseitigen Bedürfnisse gehört haben, ist Zeit und Raum für Korrekturen. Dann ist Vertrauen da, dass jemand einen Beitrag zum Wachstum des anderen leisten möchte und Kritik oder Korrekturen nicht äußert, um selbst Recht haben zu wollen oder sich durchzusetzen. Empathisches Zuhören geht deutlich tiefer als das sogenannte aktive Zuhören, es geht auch nicht darum, den anderen zu bemitleiden, sondern vielmehr darum, durch ein tiefes Mitfühlen den anderen in einen Kontakt mit sich, seinen Bedürfnissen zu bringen und ihn dadurch bei seiner Selbstklärung zu unterstützen. Das wiederum fördert Verständigung, Verständnis und ermöglicht einen deutlich anderen Verlauf von anspruchsvollen Gesprächen oder der Behandlung kritischer Themen.

Innere und äußere Konflikte endlich dort lösen, wo sie ihre Wurzeln haben: auf der Ebene der Bedürfnisse.

Sehr verbreitet ist die Angewohnheit, Äußerungen anderer persönlich zu nehmen, obwohl diese es nicht so gemeint haben. In unserem Kopf startet ein wildes Wolfskarussell, wie meine Kollegin Serena Rust zu sagen pflegt. Wolfskarussell bedeutet, unser Hirn beginnt mit wilden Spekulationen, Interpretationen, Schuldzuweisungen und Urteilen über mich selbst oder die andere/

den anderen. Ich vermische in diesem Stadium innerer Aufgewühltheit alte Erfahrungen und Begegnungen mit dieser aktuellen Situation. So können wir gar nicht mehr erkennen, was unser Gegenüber gerade tatsächlich gesagt hat. Dass es dann auch noch um die Bedürfnisse des Sprechers geht und gar nicht um mich, hat kaum jemand vor einem Training im Gesunden Kommunizieren und Führen für sich klar.

Sie wissen sicherlich schon, dass Äußerungen immer etwas über den Sprechenden selbst aussagen und dass ich als der Hörende verantwortlich bin, was ich aus dem Gesagten mache. Doch haben wir diese Wahrheit in jeder Situation bewusst parat und können deshalb gelassen hören und empathisch nachfragen, was beim anderen los ist? Ich würde es sehr gerne immer können und ich habe sicher auch schon viele kleine Fortschritte gemacht, sodass es immer öfter gelingt, doch es gibt bestimmte Personen und bestimmte Sätze, da geht gar nichts bei mir – da brauche ich erst einmal nur Zeit für mich.

**Ich** habe jederzeit die Wahl, wie ich die Sätze meines Gegenübers aufnehme – ebenso, wie ich nun reagieren möchte! Marshall Rosenberg prägte den Satz: »What you say next will change the world.« (Was Sie als Nächstes sagen, wird die Welt verändern.)

Hilfreich finde ich hier ein Stoppschild oder so etwas wie eine Zeitlupenschaltung für unser Gehirn. In dieser Verlangsamung habe ich die Chance, mir bewusster zu werden, was ich wie gehört oder interpretiert habe und kann nun nachfragen, wenn ich unsicher bin, ob mein Gehörtes das war, was der Sprecher ausdrücken wollte. Doch diese Phase gibt es im realen Gespräch zu selten, wir nehmen uns nicht die Zeit, denken, es wirke eventuell unprofessionell, innezuhalten oder sich Bedenkzeit zu erbitten, stattdessen soll es schnell gehen, kompetent wirken. Doch genau dadurch brechen sich häufiger Reaktionen ihre Bahn, die zu Konflikten oder Missverständnissen führen als nötig wäre. Leider erlernen wir die oben beschriebene gesundheitsfördernde Haltung und entsprechendes achtsames Verhalten meistens nicht in unseren jungen Jahren und so ist ein bestimmter Aufwand beim Neulernen und bewussten Umdenken nötig, um sich selbst und anderen empathisch zu begegnen.

*»Ich habe jederzeit die Wahl, wie ich die Worte meines Gegenübers aufnehme!«*

Marshall Rosenberg (1934–2015), Psychologe

Mit dieser wertungsfreien Herangehensweise ans Zuhören können Sie aus Äußerungen wie den folgenden das heraushören, was tatsächlich dahintersteckt: ein Bedürfnis des Sprechenden. Somit lade ich Sie nun zum Bedürfnis-Hören ein:

**Bedürfnis-Hören anhand von Beispielen: Welches Bedürfnis steckt dahinter?**

| Aussage | Bedürfnis hinter der Aussage |
|---|---|
| »Sie hören mir nicht wirklich zu!« | Der Sprecher möchte gehört und verstanden, bestimmt wohl auch ernst genommen werden. |
| »Wenn ich hier nicht alles selbst mache … bleibt alles liegen.« | Der Sprecher möchte zum Beispiel darauf vertrauen können, dass Aufgaben verlässlich erledigt werden oder er/sie braucht Unterstützung, Entlastung. |
| »Warum erfahre ich das wieder als Letzter?« | Der Sprecher möchte einbezogen werden, wünscht sich Wertschätzung seiner Person und Information. |
| »Du denkst immer nur an dich. – Ich bin dir doch total egal.« | Haben Sie eine Idee, um welche(s) Bedürfnis(se) es dem Sprecher gehen könnte? |

Mal ehrlich: Wenn Sie solche Äußerungen wie oben in der linken Spalte hören, wie reagieren Sie? Sind Sie eventuell genervt? Ärgern Sie sich? Beginnen Sie, sich zu rechtfertigen? Starten Sie einen Gegenvorwurf? All das wären Reaktionen, die im Alltag weit verbreitet, doch dennoch leider wenig hilfreich sind.

Könnte Michael solche Äußerungen in Bedürfnisse übersetzen, sich also klar und ohne Vorwurf ausdrücken, wäre die obige Beispielsituation anders verlaufen. Betrachten wir sie noch einmal aus seiner Perspektive. Hätte er empathisch zugehört, wäre ihm klar geworden, warum Benjamin so ausgeflippt ist. Der hat es nämlich an Hinweisen nicht mangeln lassen:

»Denkst du, andere haben überhaupt kein Privatleben oder was?!« Michael braucht keinen Abschluss in Verhaltenspsychologie, um zu erkennen, dass Benjamin wütend war, weil er den Abend im Büro geblieben ist, statt Zeit mit seiner Familie zu verbringen. Benjamin geht es um mehr Balance zwischen Zeit und Kraft für die Arbeit sowie Zeit und Kraft für seine Familie.

»Hauptsache, es passt für dich!« meint, dass Benjamin es schätzen würde, wenn bei Abstimmungen und Aufträgen darauf geachtet wird, dass die Bedürfnisse aller zählen.

»So kannst du nicht mit mir umspringen!« Dahinter steckt das Bedürfnis nach Respekt, Achtsamkeit und Wertschätzung.

»Ich schlage mir hier mal wieder den Abend um die Ohren, um noch kurzfristig die von dir gewünschte Präsentation auf die Beine zu stellen, und dann lässt du sie einfach weg!« Auch diese Äußerung von Benjamin ist nicht schwer zu durchschauen: Er hat extra Freizeit geopfert, um eine gelungene Präsentation zu bauen und hätte gerne, dass das auch mal bemerkt und gesehen wird. »Danke für deinen Einsatz nach Feierabend« – so ein Signal der Anerkennung würde ihm viel bedeuten!

Anstatt empathisch zuzuhören und verstehen zu wollen, was gerade passiert ist, ist Michael jedoch an der Oberfläche des Dialogs geblieben und hat nicht einmal kurz die Welt mit den Augen von Benjamin angeschaut. Stattdessen war er mit sich beschäftigt. Ihm hat gestunken, dass sein Mitarbeiter sich ihm gegenüber so im Ton vergreift. Hätte er in dieser Situation – oder besser: schon bei früheren Gelegenheiten – empathisch zugehört, wäre ihm etwas klar geworden: Nämlich dass Benjamin und vielleicht auch andere ein Problem damit haben, dass er oft Anweisungen erteilt, ohne seine Leute ausreichend in die dafür vorliegenden Gründe einzuweihen. Dass er sie bei Entscheidungen nicht einbezieht und ihnen nicht die Chance gibt, ihren Beitrag zum Erfolg zu erkennen. Dass er selten ein Feedback darüber gibt, was ihm gut gefällt oder sich dankbar zeigt – dafür aber gern anspricht, was nicht klappt. Kurz: Michael wäre klar geworden, dass mittlerweile ein bedenkliches Klima in seinem Team herrscht. Offensichtlich herrschen bei ihm als Führungskraft noch ungesunde Einstellungen vor – solche, die in sogenannten dominanzorientierten Systemen zu finden sind. An heute hoch geschätzten Fähigkeiten, wie Einfühlungsvermögen oder mitmenschliches Interesse am Gegenüber, kann Michael noch einiges dazulernen.

Bei Michael ist es wie bei vielen Führungskräften: Er war in seiner eigenen Situation verhaftet, die von Druck, Vorgaben, Zeitlimits und Budgets bestimmt wird. Selbstverständlich war es nie sein Ziel, Benjamin zu verletzen – vielmehr will er seine eigenen Vorgaben erfüllen, um selbst erfolgreich zu sein und Anerkennung zu ernten. Als er die Präsentation in Auftrag gab, hat er den Druck, unter dem er selbst steht, weitergegeben – wie viele Führungskräfte, die zwischen verschiedenen Ebenen in einem Unternehmen sitzen. Wenn er seine Einstellung und sein Tun mehr reflektieren, sich mehr für andere interessieren, mehr zuhören und sich besser mit seinen Mitarbeitern abstimmen würde, könnte er viel dazu beitragen, dass sich das Klima verändert – hin zu einer offenen Vertrauens- und Innovationskultur, in der schwelende Konflikte angesprochen, andere Meinungen gehört und neue Lösungen möglich werden.

Wenn sich in Ihnen gerade Widerstand regt, da das für Sie so klingt, als ob dies zu zeitaufwendig wäre und im Geschäfts- oder Leitungsalltag dann vor lauter Hinhören, Reflektieren und Austauschen die tatsächliche Arbeit liegen bliebe, möchte ich Sie auf Erfahrungen aus Unternehmen und Teams hinweisen, die ihr Miteinander mittlerweile an diesen Maximen ausgerichtet haben. Durch Einfühlung, besseres Hinhören und das Bemühen, die Bedürfnisse der Beteiligten zu hören, kommt es signifikant seltener zu zeit- und kraftraubenden Missverständnissen, zu unsäglichen Gesprächen voller Rechtfertigungsschleifen, zu kostspieligen Nachbesserungen oder zu langwierigen, schleppenden Verhandlungen gegeneinander. Erhöhte Verständigung und bessere Stimmung schonen Nerven und leisten einen täglichen Beitrag für Gesundheit von Körper, Seele und Geist. Dass dies ein Weg ist, Ihren wirtschaftlichen Erfolg von innen heraus am besten zu sichern, wissen Sie bereits.

Beziehungspflege ist eine der wichtigsten Führungsaufgaben.

Eine empathische Reaktion eines geschulten Michaels auf Benjamins Wutausbruch hätte zum Beispiel so klingen können:

## 5.6 Beispielszene: Empathisch

***Beispiel: »Dein Beitrag ist wichtig!«***

*»Ich höre, dass du wütend bist, weil du gestern extra im Büro geblieben bist, um die Präsentation noch zu erstellen und sie dann nicht gebraucht wurde – ist das so, Ben? Magst du hören, worum es mir dabei ging? Für mich war deine Präsentation ein wichtiges Back-up, das mir Sicherheit gegeben hat und sehr dazu beigetragen hat, dass ich souveräner in der Verhandlung rüberkam. Ich hatte damit einen Joker in der Hand, falls der Kunde meine Ausführungen angezweifelt hätte. Ich konnte also heute so souverän agieren, weil ich wusste, dass ich mich auf dich verlassen kann. Dafür danke ich dir. Kannst du hören, wieso mir deine Präsentation wichtig war?«*

*»Mir ist in diesem Zusammenhang gleich noch etwas Grundsätzliches wichtig, Ben.*
*Ich bitte dich, in Zukunft sofort auf mich zuzukommen und nachzufragen, wenn sich dir der Sinn einer Anweisung nicht erschließt. Es ist für mich wesentlich, dass*

*meine Mitarbeiter wissen, wieso sie etwas tun. Schließlich gibt ein Mensch doch erst dann sein Bestes – oder? Ich werde mich auch ab heute bemühen, das genauer zu benennen – okay?«*

Deutlich gesünder wäre es natürlich gewesen, wenn Michael diese Erklärung nicht erst im Konfliktfall, sondern schon beim Erteilen des Arbeitsauftrags geliefert hätte. Dann wäre aus *seiner* Verhandlung eine gemeinsame geworden.

Empathisch zu reagieren, heißt nicht weich gespült zu sein, sondern verstehen zu wollen und in Verständigung zu kommen. Daran schließt sich eine wertschätzende Aufrichtigkeit an, die äußerst präzise anspricht, was man selbst möchte, womit man einverstanden ist und womit nicht – ohne andere dabei niederzumachen. Das Ergebnis sind klare Lösungen, die wirklich mitgetragen und gemeinsam forciert werden, hohes Engagement, Kreativität und eine Kultur, in der Menschen auf gesunde Weise miteinander erfolgreich sind!

## 5.7 Mitarbeiter zu stärken, erfordert Mut

Mitarbeiter einzubeziehen und individuelle Freiheiten zu fördern, erfordert zunächst einmal Mut, Kompetenz und einen gesunden Selbstwert seitens der Führungskraft. Sonst erlebt sie selbstbewusste, starke Mitarbeiter als Bedrohung.

Es gibt viele Arten der Ausübung von »Macht über«. Den wenigsten ist bewusst, dass zum Beispiel Informationen gezielt wegzulassen, also nicht zu kommunizieren, das Bedürfnis anderer mit Füßen tritt, zu wissen, woran sie sind.

Jedes Mal, wenn eine Führungskraft

- den Mitarbeitern (oder ein Lehrer den Schülern, ein Elternteil seinen Kindern ...) relevante Informationen vorenthält,
- »vergisst« jemanden zum Meeting einzuladen,
- jemandem im Team vom Informationsfluss abschneidet, auf Absprachen verzichtet,
- sich nicht an Vereinbarungen hält,
- Entscheidungen durchsetzt, ohne sich mit den Kollegen abgestimmt zu haben,
- mehr auf Fehlern herumreitet und nach Schuldigen sucht, als das zu sehen, was gut läuft,

- sich nicht für die Belange der anderen interessiert,
- ein Gespräch für beendet erklärt, wenn es ihr reicht, oder
- Anweisungen in der Form »wenn ... dann« erteilt

übt sie »Macht über« aus.

Über solche Verhaltensweisen versuchen Führungskräfte häufig, sich Bedürfnisse wie Sicherheit, Respekt oder Erfolg zu erfüllen, doch enden diese Versuche langfristig oftmals im Gegenteil. Mit den oben beschriebenen Verhaltensweisen ernten sie eher Misstrauen, Unmut, Geringschätzung, Antipathie, manche allerdings durchaus auch persönlichen Erfolg – für den sie dann allerdings einen hohen Preis zahlen.

Der *Gallup Engagement Index 2014*, eine repräsentative Umfrage des Marktforschungsinstituts Gallup, hat ergeben, dass bereits jeder vierte Bundesbürger innerlich gekündigt hat. Die am häufigsten genannten Gründe hierfür sind nicht etwa das Gehalt oder die Aufgaben im Job. Vielmehr fehlen den meisten dieser frustrierten Mitarbeiter Anerkennung seitens der Führung und die Wahrnehmung ihrer Person. Wer diese Mitarbeiter für Weicheier hält, die den Anforderungen moderner Arbeitsplätze nicht gewachsen sind, überlege noch einmal neu: Die innere Kündigung kostet die deutschen

Unternehmen Schätzungen zufolge jährlich einen Milliardenbetrag. Es sind nicht die Mitarbeiter, sondern die Unternehmen, die dieses Geld liegen lassen. Demotivierte Mitarbeiter sind nicht nur weniger produktiv, sondern auch weniger kreativ und konzentriert in der Ausübung ihrer Tätigkeit. Und das nur, weil die Führung eine transparente, wertschätzende und empathische Haltung und Kommunikation verweigert oder sogar aktiv unterbindet – im Glauben, Mitarbeiter könnten mit geteilter Macht nicht umgehen und bräuchten Druck.

Oftmals entsteht eine demotivierende Atmosphäre aber auch aus Unachtsamkeit in alltäglichen Situationen, die zur Gewohnheit geworden sind: Alles muss schnell gehen, der nächste Termin steht an oder der Einzelne hat nur sein eigenes Vorankommen auf der Karriereleiter im Fokus – echtes Hinhören und Nachfragen, um wirklich zu verstehen, erscheinen geradezu lästig. Führung heißt jedoch, eine Beziehung aufzubauen, sich für die Mitarbeiter, die Schüler, die Partner zu interessieren, von sich selbst zu erzählen und als Mensch sichtbar zu sein. Darin liegt eine zentrale Herausforderung gesunder Führung: sich Zeit für einen Beziehungsaufbau zu nehmen und fragender Berater, Potenzialentdecker – eben ein Schatzsucher – zu sein!

Das geht selbstverständlich leicht von der Hand, wenn jemand überzeugt davon ist, dass sich diese Investition in Form von kreativen Ideen, Mitdenken, Engagement, hoher Zufriedenheit, vielen Bewerbungen, Erfolgen in verschiedenen Bereichen, also durch Ergebnisse, die sich sehen lassen können, auszahlen wird.

Der Glaube, dass Mitarbeiter mit geteilter Macht generell nicht umgehen könnten, ist ein fataler Trugschluss. Der Schlüssel zu erfolgreicher Kommunikation liegt nicht in der Filterung von Informationen, sondern in der Transparenz. Mitarbeiter engagieren sich nachweislich mehr, wenn die Führung ihnen auf Augenhöhe begegnet, Aufgabenstellungen klar begründet sind, sie eingebunden werden in Sinn und Entscheidungen, Wissen geteilt wird und der eigene Spielraum der Aufgabe angemessen ist.

Eine Wachstumskultur zu schaffen, bedeutet zu vertrauen, statt zu misstrauen. Es bedeutet, Wissen und Information allen zugänglich zu machen, statt Angst vor zu viel Einblick zu haben. Das gilt nicht nur für gute Nachrichten, sondern auch für unpopuläre Vorgänge im Unternehmen. Wenn zum Beispiel die Nachricht über eine Umstrukturierung, Kurzarbeit oder gar eine Kündigungswelle die Mitarbeiter trifft wie ein Schlag aus heiterem

Himmel, ist die Unternehmenskultur eindeutig marode. Die Verantwortung der Führung wurde ganz offensichtlich schon länger vernachlässigt und die Belegschaft war vom Informationsfluss abgeschnitten. Sonst wäre es unmöglich, dass es soweit kommt, ohne dass die Angestellten auch nur damit rechnen würden.

Wie aber bezieht man Mitarbeiter, Mitglieder, Schüler, Kinder, die dabei sein wollen, in Themen und Entwicklungen ein? Wie denkt man jemanden groß?
Wie werden Unternehmungen gütig, lebensdienlich und stark? Wie erreicht man, dass Mitarbeiter voller Begeisterung mitverantwortlich genauso das Wohl und die Belange des gesamten Unternehmens im Blick haben wie ihren persönlichen Mikrokosmos?
Welches Handwerkszeug brauchen Mitarbeiter, um begeisterte Mitdenker, ja Mitunternehmer zu werden?

## 5.8 Beispiel: Was ist los mit Frau Haber?

*Tim Reuther ist Abteilungsleiter in einer großen IT-Firma. Seine Teams entwickeln Software für globales Projektmanagement der Zukunft. Heute hat ihn sein Chef, Herr Feldmann, zu einem Vieraugengespräch eingeladen. Was Herr Reuther im Vorfeld weiß, ist, dass es um seine*

*Mitarbeiterin Claudia Haber geht. Das lässt ihn Unangenehmes befürchten, denn sie ist sein Sorgenkind. Sie ist schon fünfzehn Jahre in der Firma, deutlich länger als er selbst, der noch nicht einmal zwei Jahre hier ist. Sie hat durch ihr Know-how eine Schlüsselposition inne und konnte bisher immer mit besonderen Leistungen glänzen; beliebt ist sie noch dazu. Doch seit fast einem Jahr ist vieles anders geworden: Claudia Haber kann immer öfter ihre Deadlines nicht halten, vergisst Informationen weiterzugeben und ihre Produktivität bleibt deutlich hinter der ihrer Kollegen zurück. In Meetings ist sie im letzten halben Jahr sehr schweigsam. Tatsächlich hat Herr Reuther schon in Erwägung gezogen, sich von ihr zu trennen, da seine mehrfach kurzen aber klaren Hinweise an Claudia Haber bisher nicht gefruchtet haben. Immerhin lässt es sich anhand ihrer Ergebnisse fast nicht mehr rechtfertigen, sie länger zu halten. Herr Reuther ist enttäuscht und wütend, denn scheinbar nimmt Frau Haber ihn und ihre Verantwortung nicht mehr ernst und verdirbt ihm dadurch gute Gesamtergebnisse. Er hat das Gefühl, dass die Kollegen gespannt sind, wie er mit der Lage umgehen wird.*

*Nun befürchtet Herr Reuther, dass Herr Feldmann ihn wegen Frau Habers Leistungen zur Rede stellen will. Nervös macht er sich auf den Weg ins Gespräch – bereit, die*

*Trennung von Frau Haber als Option auf den Tisch zu legen, um seinem Chef eine wirksame Lösung präsentieren zu können – schließlich hat er alles im Griff.*

**Herr Feldmann:** *»Herr Reuther, ich habe mir die Ergebnisse Ihrer Teams aus diesem Quartal angesehen – und es fällt auf, dass Frau Habers Leistungen im Vergleich zu ihren vierzehn vorherigen Jahren im Unternehmen deutlich nachgelassen haben. Ich kenne Frau Haber schon lange und schätze sie sehr, doch ich wollte Sie, als ihren direkten Vorgesetzten, zuerst ansprechen. Wissen Sie, was los ist?«*

**Herr Reuther:** *»Allerdings lassen Frau Habers Ergebnisse seit einiger Zeit stark zu wünschen übrig, das sehe ich ebenfalls. Ich kann mir das auch nicht erklären – denn sonst läuft alles wirklich bestens in der Abteilung.«*

**Herr Feldmann:** *»Dass Sie nicht wissen, was Ihre Mitarbeiterin zu ihrem Verhalten bewegt, macht mir Sorgen, Herr Reuther. Ich frage mich gerade, ob Sie vielleicht zu wenig mit Ihren Leuten in Verbindung sind, und Ihre Unwissenheit bezüglich unserer langjährigen Mitarbeiterin unterstreicht diesen Eindruck. Wissen Sie, unsere Mitarbeiter sind unser Potenzial. Und genau deshalb ist mir eine Führungskultur wichtig, in der wir uns füreinander*

*interessieren, miteinander statt übereinander sprechen und einander verstehen wollen. Wir Führungskräfte sind Vorbilder und haben vorzuleben, was wir von unseren Mitarbeitern sehen möchten.*
*Was brauchen Sie, Herr Reuther, um mit Frau Haber, auch außerhalb der Halbjahresgespräche, in eine Verständigung zu kommen, die über die sachlichen Themen hinausgeht?«*

Tim Reuther ist leider keine Ausnahme; das Beispiel ist an eine wahre Geschichte angelehnt. Er hat mitbekommen, dass Frau Habers Leistungen nachgelassen haben, sich darüber geärgert, gewundert, und letztlich nur noch geurteilt. In seiner eigenen Not hat es nicht zu einem Gespräch gereicht, in dem er versucht hätte, zu verstehen, was los ist, sondern nur zu Motivationssprüchen oder Druckspitzen, die Claudia Haber zu alter Leistung anspornen sollten.

Warum ist er einem Gespräch mit ihr aus dem Weg gegangen? Schließlich hätte das eine sehr positive Signalwirkung für alle Mitarbeiter haben können.

Weil er Schwierigkeiten damit hat, unangenehme Themen anzusprechen. Empathisch zuzuhören hat er nie gelernt. Er hat hingegen feste Lösungen im Kopf, möchte diese durchsetzen und sich nicht am Ende in einer Situation wiederfinden, die er nicht souverän meistern kann.

Ein Vieraugengespräch im Sinne des Gesunden Kommunizierens und Führens braucht mehr als nur Sprüche oder Zahlen.

Es beschränkt sich nicht darauf, Mitarbeiter zum Arbeiten oder zu neuen Zielen zu bewegen, sondern stellt den Menschen in den Mittelpunkt.

Es will verstehen und verstanden werden und fokussiert dabei die Bedürfnisse.

Manche Chefs demonstrieren aus einem veralteten Verständnis ihrer Führungsrolle heraus ein, überspitzt gesagt, schon fast soziopathisches Verhalten – weil sie glauben, dass sie gegenüber ihren Mitarbeitern keine Schwäche zeigen dürften. Sie verwechseln Selbstklärung, Empathie und das Aussprechen von Bedürfnissen mit Schwäche. Lieber ziehen Sie sich auf die Rolle des harten Hundes zurück, statt sich auf solchen Softie-Kram wie Mitarbeitergespräche auf Augenhöhe und Bedürfnisebene einzulassen. Diese Rolle ist auch gesellschaftlich diejenige, die bekannt und akzeptiert zu sein scheint, und somit fühlen sich Führungskräfte in der Menge sicher. Sie hoffen, mit ihrer Sachlichkeit Respekt zu gewinnen und Ziele schnell und direkt zu erreichen. Den Wert, den die Förderung von »Macht miteinander« oder Verbindungsqualität hat, haben sie (noch) nicht auf dem Zettel.

Das Ergebnis ist oftmals eine Führungskultur, die sehr in Kennzahlen verliebt ist und Mitarbeiter manchmal genauso behandelt. Dahinter steckt nicht unbedingt Absicht – viele Führungskräfte haben es einfach nicht anders gelernt und sind dieses Verständnis von Autorität seit ihrer Kindheit gewöhnt. Es fehlt ihnen schlicht an herzlichen Vorbildern, an aufrichtigen Führungspersonen, die ohne Druck, Belohnung und Bestrafung erfolgreich führen. Erst weniger Chefs als mir lieb sind, verfügen über zeitgemäße Kommunikations- und Konfliktlösungswerkzeuge, die nicht manipulativ sind, sondern eine Unterstützungskultur anstreben.

Immer wieder höre ich auch das Argument: »Mir fehlt es einfach an der Zeit für so etwas, Frau Dietz.« Doch seien wir mal ehrlich: Wenn es an Zeit fehlt, fehlt es an Achtsamkeit – man setzt sich durch, um etwas schnell voranzubringen, doch den Schaden wieder ins Lot zu bringen, kostet am Ende oftmals doppelt und dreifach Zeit.

Darüber hinaus sind Führungskräfte bekanntermaßen durchaus bereit, Zeit in ihre Kommunikation zu investieren, wenn die Zeitinvestition ihnen sinnvoll erscheint. Leider besuchen etablierte sowie angehende Führungskräfte oder High Potentials oft Rhetorikkurse, Motivations- oder Kommunikationsfortbildungen, die lediglich auf die Spitze des Eisbergs abzielen. Neue Denkweisen und Einstellungen, zu denen ein anderer Wortschatz, die Selbstverantwortung für die eigenen Gefühle und neue Hörmöglichkeiten gehören, lassen diese Fortbildungen oft noch immer außen vor. Haben Sie zum Beispiel gelernt, Pseudogefühle/Opfergedanken von Gefühlen zu unterscheiden, für die Sie zu hundert Prozent selbst verantwortlich sind? Wissen Sie, welche Bedürfnisse die Menschen dieser Welt teilen und was Strategien von Bedürfnissen unterscheidet? Nein? Für eine Kultur der Eigen- und Mitverantwortung, für Wege zur Potenzialentfaltung erachte ich solche Dinge als essenzielle Grundlage.

Solange Seminarteilnehmer noch lernen, dass folgende Formulierung eine hilfreiche, aufrichtige Aussage sei, die ein Gefühl und ein Bedürfnis ausspricht: »Ich habe das Gefühl, Sie brauchen mal jemanden, der Ihnen die Wahrheit sagt: Ihr unverschämtes Verhalten, wie Sie ständig versuchen andere zu manipulieren – das reicht mir jetzt. Ich werde nicht länger zu allem Ja und Amen sagen« – so lange wird sich nicht viel verändern. In dieser Aussage sind Angriffe und Unterstellungen enthalten – der Empfänger dieses Satzes wird seine Ohren schnell verschließen. Wahrscheinlich wird er mit einer Rechtfertigung, einem Gegenangriff oder mit Schuldgefühlen reagieren. Eine Verbindung, ein tatsächliches Verstehen der gegenseitigen Bedürfnisse wird wohl eher nicht stattfinden. Ob es in einem Dialog, der so geführt wird, eine Lösung geben wird, mit der beide wirklich zufrieden sind, ist fraglich.

Das Wort »manipulieren« gehört zu den sogenannten Opfergedanken oder Pseudogefühlen. »Ich fühle mich manipuliert« ist ein Gedanke, eine Unterstellung – kein Gefühl. Wie fühlt sich jemand, der meint, er oder sie würde manipuliert? Vielleicht traurig oder ohnmächtig, wahrscheinlich auch sauer. Pseudogefühle von Gefühlen unterscheiden zu können, ist sehr wichtig, um die Verantwortung für die eigenen Gefühle klar ausdrücken zu können und gesunde Gespräche zu führen.

Einige Beispiele für Opfergedanken/Pseudogefühle sind:

| | |
|---|---|
| abgelehnt | schuldig |
| angegriffen | übergangen |
| ausgenutzt | unerwünscht |
| beleidigt | verarscht |
| dumm | vernachlässigt |
| gedrängt | wertlos … |
| ignoriert | |

Alles Worte, die bewerten oder einem anderen die Verantwortung für mein Gefühl zuschreiben, statt deutlich zu machen, dass meine Gefühle aufgrund meiner erfüllten oder unerfüllten Bedürfnisse entstehen.

Und der Satzanfang »Ich habe das Gefühl …« lässt vermuten, dass nun ein Gefühl genannt werden wird – doch auch hier folgt eine Vermutung oder Unterstellung. Ganz selten folgt bei diesem Satzanfang ein tatsächliches Gefühl. Wann immer Sie etwas unterstellen, interpretieren et cetera verringern Sie selbst Ihre Chance gehört zu werden!

Bis vor fünfzehn Jahren etwa riet die Management-Literatur zur kühlen Sachlichkeit; von Gefühlen im Business riet man ab. Das Wort »Empathie« war dort so gut wie gar nicht zu lesen. Wenn überhaupt, dann gab es maximal ein Eindenken denn ein Einfühlen.

Heutige, zukunftsfähige Führung vertraut jedoch auf einfühlsame und zuhörstarke Chefs, Direktoren und Elternteile, die bereit sind, sich selbst zu zeigen und andere groß zu denken, weil sie selbst in sich ruhen und am anderen interessiert sind.

Um noch einmal auf das Beispiel von Claudia Haber zurückzukommen: Herr Reuther würde Frau Haber fast lieber entlassen, als ein offenes ausführliches Gespräch mit ihr zu suchen. Er hat keine Ahnung von ihrer privaten Situation, der Krankheit ihres Vaters, der neuen Stelle ihres Mannes und der Schulsituation ihres jüngsten Sohnes. All das belastet sie und wird von ihr mit ins Unternehmen genommen.

Eine 45-Stunden-Woche, wie sie früher bei Claudia Haber keine Seltenheit war, möchte und kann sie einfach nicht mehr leisten. Doch der neue Chef spricht über solche Themen ungern, er möchte Erfolge vorweisen – das macht er in allen Äußerungen unmissverständlich deutlich. So versucht sie weiterhin ihr Bestes und schweigt, anstatt ihr Leben in die Hand zu nehmen und auf ihn zuzugehen.

Eine unangenehme Situation für beide Seiten – ohne Frage. Aber auch eine, die ohne Weiteres lösbar wäre. Was hält die Beteiligten bloß davon ab, einfach ein offenes Gespräch miteinander zu führen? Ganz einfach: In dieser Abteilung sind die Mitarbeiter nicht die Ersten, sondern schon mal die Letzten, die einbezogen werden, wenn es um ihre Belange geht. Stattdessen geht es meistens um Deadlines, Reklamationen, Zuständigkeiten, Kundenzufriedenheit und Zahlen, die aus dem Budget laufen – die Mitarbeiter mögen doch bitte einfach funktionieren.

Hätte Herr Reuther eine andere Einstellung und würde die Handwerkszeuge des Gesunden Kommunizierens nutzen, hätte er zwar eine gewisse Zeit für ein Mitarbeitergespräch aufgewendet – würde aber sicher mehr Verständigung erreichen, die letztendlich zu Entspannung, Verständnis, einer vernünftigen Lösung für beide Seiten, zu besserer Stimmung und mehr Vertrauen im Team und im Außen zu einer höheren Kundenzufriedenheit führt. Die Chance, dass durch eine verbesserte Zusammenarbeit die Produktivität gewinnt, ist naheliegend.

# 6.
# Vom Egosystem-Bewusstsein zum Ökosystem-Bewusstsein

Der Wandel von der Ego-Ökonomie, der klassischen dominanzhierarchischen Wirtschaft, zur Öko-Ökonomie braucht ein naturgemäßes Verständnis vom Miteinander in einem großen Ökosystem, wo alles aufeinander abgestimmt ist, jeder bestimmte ökologische Nischen besetzt und jeder Wertvolles beiträgt. Das Wohlbefinden und die Bedürfnisse aller, eben auch des gesamten Systems – des Unternehmens, der Institution oder Familie – zählen hier und stehen im Mittelpunkt von Entscheidungen. Um Gleichwürdigkeit, Vertrauen ineinander, Innovationen und »Macht miteinander« als Grundlage einer gesunden Kultur ins Unternehmen, in eine Schule oder in jedes andere Umfeld zu integrieren, ist neben ein paar hilfreichen Kompetenzen und Techniken noch mehr nötig. Es ist vielmehr eine Grundsatzentscheidung, die Geduld, Beharrlichkeit und Vertrauen in die unterschiedlichen Veränderungsschritte und -geschwindigkeiten braucht. Es ist eine Reise in vielen kleinen Abschnitten, von denen jeder einzelne auf ein höheres Niveau führt. Bereits der Anfang lohnt sich, da Sie schon nach den ersten drei Tagen Training nicht mehr auf ein Bewusstsein unterhalb dieser Ebene zurückfallen können.

Vertrauen heißt auch, dem anderen nicht trotz, sondern wegen seiner besonderen Eigenschaften und Ansprüche konstruktive Macht zuzutrauen. Nur wenn Führung davon ausgeht, dass Mitarbeiter als Mitdenkende oder sogar als Mitunternehmer auf Augenhöhe einen besonderen Beitrag fürs Unternehmen leisten, weil sie langfristig Freude und Sinn darin finden, kann überhaupt eine Ermächtigung bis an die Basis funktionieren.

Damit sich ein dominanzhierarchisches Unternehmen gesund kommuniziert, ist eine gewisse Gelassenheit gegenüber Anfangsschwierigkeiten notwendig. Die Klarheit gesunder Kommunikation kann zu Beginn erschreckend ehrlich und direkt sein. Schon daran lässt sich erkennen, wie effektiv diese Art zu kommunizieren ist, wenn sie erst einmal verinnerlicht wurde.

Eine ernst zu nehmende Hausaufgabe für angehende und bereits aktive Führungskräfte ist die Pflege ihres Selbstwertgefühls, ihrer inneren Zufriedenheit und ihrer Gesundheit. All das kommt im fordernden Alltag oftmals viel zu kurz. Führende werden genau beäugt. Indem sie leben, was sie leben, setzen sie bewusst oder unbewusst sehr wirkungsvoll die Maßstäbe für all das, was sein darf oder was nicht akzeptiert ist. Auch im Öko-Ökonomiesystem sind sie Vorbilder mit besonderer Wirkungskraft. Genau daher ist es ihre Aufgabe, sich selbst, ihren Körper, ihre Seele, ihr Herz gesund, glücklich und fit zu halten. Menschen unterstützen erst dann andere großzügig, wenn sie mit sich selbst im Frieden sind, sich selbst ausreichend schätzen und lieben.

Kümmern Sie sich daher bitte täglich bewusst um sich selbst und um Ihr Wohlergehen, das dient Ihnen und Ihren Mitmenschen.

## 6.1 Macht haben oder überlassen – Wie beides sinnvoller für alle sein kann

Als ersten Schritt empfehle ich eine Selbstklärung: Hören Sie bewusst Ihren eigenen Gedanken zu, ordnen Sie sie und seien Sie einen Moment lang intensiv und bewusst bei sich.

Fragen Sie sich:
- Was denke ich gerade über XY oder über mich selbst?
- Wie geht es mir mit meinen aktuellen Gedanken? Welche Gefühle tauchen auf?
- Was brauche ich gerade? Welche Bedürfnisse sind momentan gesättigt/hungrig?
- Habe ich jetzt eine konkrete Bitte an jemanden? Kann ich oder jemand anderes etwas tun, was mir guttut?

Wenn Sie sich erst einmal daran gewöhnt haben, so zu reflektieren, können schon drei bewusste Minuten einen unglaublichen Energieschub und viel Zeit- und Kraftersparnis bringen – weil sie Ihnen helfen, Ihre Prioritäten zu sortieren, Ihnen klar wird, was Sie tun oder sein lassen möchten und Sie können dies wirksamer kommunizieren.

Das klingt Ihnen zu einfach? Probieren Sie es aus.

Gedanken, Gefühle, Bedürfnisse und Bitten in dieser Art zu pflegen, verleiht Ihnen mehr Energie für sich und die anderen: für Ihre Mitarbeiter oder Ihre Liebsten.

Solange allerdings Machthabende, also Chefs, Unternehmer, Lehrer, Entscheider in den Köpfen der anderen noch großspurige, böse Ausbeuter, skrupellose Geldscheffler, unachtsame Chancenzuweiser und pauschal oftmals »igitt« sind, hält oder manifestiert sich ein bestimmtes Denken gegenüber Menschen, die Entscheidungen treffen und etwas voranbringen wollen. Damit sich solche Denkweisen ändern, brauchen immer mehr Menschen die Erfahrung, dass Machthabende sich ihrer Verantwortung bewusst sind und zum Beispiel nach Lösungen suchen, die für alle Beteiligten am besten passen, ernsthaft daran interessiert sind, die Potenziale eines jeden in ihrem System zu entfalten, Talente bestmöglich fördern wollen und sich selbst an die Regeln halten, die für alle gelten. Solange bei einer Führungskraft die Angst vor erstarkenden Kollegen, vor Konkurrenz oder Überlegenheit überwiegt oder sie sich wertvoller erachtet als das Gegenüber, wird es für sie oder ihn schwierig sein, Wissen und Know-how zu teilen sowie Talente konsequent zum Wohl des Ganzen zu fördern.

Chefs, Lehrer, Väter, die dies umsetzen, brauchen neben bekannten Führungsqualitäten gesunde Selbstliebe und auch eine Art Liebe für die, die ihnen ihr Vertrauen schenken. Mindestens brauchen sie die Bereitschaft, sich als Mensch zu zeigen, der nicht für alles immer gleich eine Lösung präsentieren muss, sondern sich als ebenfalls neugierig Lernender gemeinsam mit anderen auf Wege begibt, die vielleicht anders sind, als das, was sie bisher gemacht haben. Es braucht Mut, sich verletzbar zu zeigen, sich berühren zu lassen und gleichzeitig klar für die Werte, Grenzen und Ziele des Unternehmens, der Schulgemeinschaft oder der Familie zu stehen. Es braucht also idealerweise zwei Pole in Balance: Klarheit, Biss, Durchsetzungsvermögen einerseits und Einfühlung, Achtsamkeit, Liebe und tiefe Menschlichkeit andererseits.

Von zu vielen höre ich heute noch, dass sie an Konkurrenz, Machtgerangel, Teilnahmslosigkeit, sinnfreier Arbeit, Desinteresse an ihren Fähigkeiten und ungeklärten Konflikten erschöpfen. Kreativität und Motivation bleiben auf der Strecke, mancher kündigt und resigniert ganz.

Was braucht es für einen Paradigmenwechsel zum Öko-System »Macht miteinander« auf der Seite derer, die geführt werden beziehungsweise sich führen lassen? Sicher braucht es hier ein Umdenken und die Erfahrung, dass Macht nicht per se negativ ist, sondern vielmehr etwas voranbringt und Entwicklung möglich macht – dass man miteinander Macht haben kann. Das bedeutet auch, dass jeder Einzelne mehr Verantwortung fürs Ganze übernimmt, als das bisher bei manchem vielleicht der Fall war. Das setzt voraus, dass ich mich mitteile Know-how, Ideen, Können für ein gemeinsames Ziel aller einbringe.

Wir brauchen noch etwas für diesen Wechsel: Ziele, die allen Beteiligten klar und für jeden stark und sinnvoll genug sind, dass sie ihre Lebenszeit genau für diesen Zweck oder dieses Vorhaben einbringen wollen. Wenn Sie mit Ihrer Fußballmannschaft aufsteigen wollen und die Hälfte der Mannschaft gar nichts von diesem Ziel weiß oder es nicht für erstrebenswert erachtet, werden

Sie sich als Trainer oder Mannschaftsführer bis zur Erschöpfung aufarbeiten können – es wäre ein Zufall, wenn Sie Ihr Ziel dennoch erreichen. Um vollen Wind im Segel zu haben, brauchen wir Sinnziele, denen wir gemeinsam nacheifern, für die wir uns anstrengen wollen – die mindestens ein wichtiges Bedürfnis eines jeden Beteiligten erfüllen. Und damit meine ich nicht Geld zu verdienen, um unseren Lebensstand zu sichern.

Denn wenn sich einzig und allein nur dieses Bedürfnis durch Ihr Tun erfüllt, bringt das auf Dauer weder Begeisterung, geschweige denn kreative exzellente Ergebnisse. Wir brauchen Ziele, die Sinn machen, die mit unseren Werten vereinbar sind, für die wir stolz sind, einen Beitrag leisten zu können – das kann das Zusammenleben oder der verlässliche und erfüllende Zusammenhalt in der Familie sein, genauso wie ein Vorhaben oder eine Vision eines Unternehmens oder Ihres Vereins, in dem Sie Mitglied sind. Es braucht etwas, was Sie nährt – ganz einfach: was Ihre Augen leuchten lässt, weil es Ihnen Freude macht.

Abwesenheit von Freude und Sinn zeigt, dass man sich verrennt und sich und seinen Werten nicht treu ist. So erreichte Erfolge nähren unser Herz nicht. Um gesund, glücklich und leistungsfähig zu bleiben, verfügen wir also über ein zuverlässiges Leuchtfeuer in den Turbulenzen des Alltags.

Frage Sie sich: Bereitet mir dieser Schritt, diese Arbeit, mein Verhalten, diese Entscheidung, mein Tun wirklich tiefe beständige Freude? Bleibe ich meinen Werten treu? Lebe ich das für **mich** Wesentliche – jetzt und längerfristig betrachtet?

***Wofür stehe ich jeden Morgen auf?***
***Was beseelt mich?***

*»Es gibt zwei großartige Tage im Leben eines Menschen: den Tag, an dem wir geboren wurden, und den Tag, an dem wir entdecken, wofür.«*

William Barclay (1907–1978), schottischer Autor und Geistlicher

***... von diesem Moment an wissen wir, wo und wodurch wir Freude, Kraft und Erfüllung finden, wofür es sich lohnt, auch durch Täler oder Dunkelheit zu gehen – denn ich weiß wofür und kann für mich selbst (und damit auch für die Beteiligten um mich herum) aktiv werden!***

## 6.2 Mit Macht ohne Machtwort zu gesundem Führen

**Führen heißt vorleben – alles andere kostet einen hohen Preis oder bleibt unwirksam!**

Je nach den Voraussetzungen eines Unternehmens oder Systems kann der Implementierungsprozess unterschiedlich lange dauern und verschiedene Formen der Unterstützung nötig machen. »Macht miteinander« lässt sich zwar leider nicht mit einem Klick einschalten wie ein Computer, doch Ihre Investition in eine nachhaltig wirksame Veränderung wird sich lohnen: Gesunde Führung macht Unternehmen zukunftsfähig, reaktionsschneller, innovativer und resistenter gegen Krisen. Mitarbeiter bleiben im Unternehmen, wenn sie gefordert und gefördert werden, sich als selbstwirksam erleben und sich viele ihrer Bedürfnisse erfüllen.

Psychische Gesundheit ist mittlerweile zur wichtigen Erfolgsgröße geworden. Vom Imagegewinn einmal ganz zu schweigen, den die Mitarbeiterzufriedenheit bewirkt – in Zeiten der sozialen Vernetzung, wo Stimmung und Führungskultur in Unternehmen nur wenige Klicks entfernt für jeden einsehbar sind, ein unschätzbarer Gewinn.

Nachfolgend finden Sie Grundregeln zum Gesunden Führen und Folgen, die alle Führenden, genauso wie Geführte, unmittelbar in ihre Kommunikation einfließen lassen können.

| **Grundregeln Gesunder Führung** |
| --- |
| Übernehmen Sie 100 Prozent Selbstverantwortung für Ihre Gefühle. Lassen Sie Opfergedanken (»Ich fühle mich ausgenutzt; ... hintergangen, ... manipuliert; ... allein gelassen.«) hinter sich. |
| Lernen Sie, Bedürfnisse von Strategien, Möglichkeiten, wie man Bedürfnisse erfüllen kann, zu unterscheiden. |
| Erspüren Sie Ihre Bedürfnisse im Sinne Marshall Rosenbergs und äußern Sie sie. Eine Liste von Bedürfnissen finden Sie hinten im Buch. |
| Sehen Sie die Bedürfnisse des Anderen, Ihres Unternehmens, Ihrer Familie. |
| Lernen Sie, sich selbst und anderen empathisch nicht nur sympathisch zuzuhören — das sät ein Klima von tiefer Verständigung und führt zu völlig neuen Lösungen. |
| Lernen Sie, Wahrnehmungen von Urteilen und Ihren Interpretationen zu trennen – erst das macht klare und präzise Gespräche möglich. |
| Stellen Sie die Menschen und ihre Bedürfnisse in den Mittelpunkt von Entscheidungen. |
| Nutzen Sie in heiklen Konfliktsituationen die vier Schritte der Gewaltfreien Kommunikation: Beobachtung – Gefühl – Bedürfnis – konkrete Bitte oder ein Danke. |

| |
|---|
| Leben Sie als Führungskraft vor, was Sie in Ihrem Team/Ihrer Familie erleben möchten. Predigen hilft nicht! |
| Erlernen Sie neue Entscheidungsprozesse, die alle integrieren (das SK-Prinzip; Systemisches Konsensieren). |
| Sprechen Sie unangenehme Themen zeitnah und offen an – das schafft Vertrauen! |
| Nehmen Sie sich ausreichend Zeit, um gemeinsame und trennende Werte und Ziele zu klären – das spart Zeit, Kraft, Nerven und Geld. |
| Sie haben als Arbeitgeber weder einen Therapievertrag noch einen Erziehungsauftrag. Mitarbeiter sind Erwachsene – und möchten so behandelt werden. |
| Geben Sie Ihren mündigen Mitarbeitern Verantwortung und Freiraum für eigene Interessen und außerbetriebliche Bedürfnisse – auch während der Arbeitszeit – das bringt Freude und neue Ideen – auch für Ihr Unternehmen oder Team. |
| Sehen Sie jeden als Individuum und behandeln Sie jeden einzigartig! |
| Klären Sie bereits bei der Einstellung neuer Mitarbeiter, welche Kultur sie miteinander leben wollen, welche Bedürfnisse sich Ihre Bewerber erfüllen wollen und ob sie meinen, diese bei Ihnen realisieren zu können. |
| Erinnern Sie sich und andere regelmäßig an folgenden Grundsatz: Alles, was Menschen tun, tun sie, weil sie versuchen, sich ein Bedürfnis zu erfüllen. |

Wenn Sie jetzt Ihre Entscheidung treffen und tatsächlich Schritt für Schritt Empathie, Aufrichtigkeit und Selbstverantwortung in Ihrem Umfeld säen, beharrlich am Thema »Macht ohne Machtworte« dranbleiben, werden Sie mittel- und langfristig reichlich ernten. Sie ernten eine Fülle neuer Entwicklungen von den Wurzeln bis in die unterschiedlichsten Verzweigungen Ihres Unternehmens, Ihrer Institution oder Familie. Früchte wie zum Beispiel deutlich mehr Mitverantwortung, Mitdenken, Mitgestalten, Anpacken, Engagement, Verbundenheit, größere Bereitschaft aufeinander zu zugehen, Verstehen und Verstandenwerden, insgesamt eine neue Qualität des Miteinanders werden reifen. Unternehmen oder Gemeinschaften, die so ticken, sind von einer gesunden Kraft durchdrungen, die jeden Einzelnen gesund und lebendig erhält. Gemeinsame Freude und Verantwortungsbewusstsein führen meist zu messbar besseren Ergebnissen – für alle. Die Fähigkeit einer Organisation Gesundes Miteinander zu lernen und das Gelernte wirklich in Taten umzusetzen, ist ein ultimativer Wettbewerbsvorteil der Zukunft.

# 7.
# Abschlussbetrachtung: Den Klimawandel in der eigenen Organisation gestalten

*»Menschen widerstehen nicht der Veränderung. Sie widerstehen den Versuchen, sie zu verändern.«*

Peter Senge (*1947), Direktor des Centers for Organizational Learning

Um eine Kultur der Potenzialentfaltung mit all ihren Vorteilen zu etablieren, brauchen wir keine Nörgler, die gern die anderen kritisieren. Als unverzichtbare Grundlage für einen Paradigmenwechsel braucht es eine bewusste Entscheidung, dass man als Unternehmen, Familie, Verein, als Team jeder Art diesen Weg konsequent und ernsthaft gehen möchte!

Als Marshall Rosenberg in einem Workshop über die Veränderung des vorherrschenden Macht-über-Denkens zu einer Ausübung von »Macht miteinander« von einem Teilnehmer gefragt wurde: »Wer will und kann das verändern?«, antwortete er: »Wir können es verändern – du und ich, tagtäglich.«

Du und ich. Nachdem Sie für sich selbst die bewusste Entscheidung getroffen haben, brauchen Sie einige aktive Mitschöpfer, die bereit sind:

- alte Denkmuster zu hinterfragen und sich verantwortungsvoll auf Neues einzulassen,
- Einmischungs- und Reflexionskompetenz zu fördern,

- neue Erfahrungen in der Balance zwischen gesundem Eifer und Loslassenkönnen zu machen,
- optimistisch zu hoffen, dass Einzelne ihre Erfolge nicht auf Kosten anderer einfahren und dies selbst vorleben,
- ein Vorbild zu sein (klare Aufrichtigkeit und Empathie, Miteinander statt Übereinander),
- ihre Mitmenschen als wertvolle Individuen mit vielfältigen Talenten, Begabungen und Anlagen zu sehen,
- hier und da strukturelle Veränderungen einzuleiten,
- neue Entscheidungsmodelle und -wege, die die Betroffenen mit einbeziehen, auszuprobieren,
- Einstellungskriterien abseits von Zeugnissen auch für wertvoll zu erachten,
- ausschließlich Feedbackgespräche zum Wachsen zu führen,
- Meetings so zu verändern, dass sie Freude machen, weil die Zeit aller sinnvoll genutzt wird,
- neue Vorgehensweise für Aus- oder Freistellungen zu etablieren.

Viele Menschen, mit denen ich arbeiten durfte, sehnen sich nach beseelten Arbeitsplätzen – Schulen, Unternehmen, Krankenhäusern, Institutionen und Familien – die als Wachstumshierarchien funktionieren. Gemeinschaften und Orte, an denen Talente und Berufungen geschätzt werden, die einen sinnvollen Beitrag zur Weiterentwicklung und dem Erhalt dieser Erde für nachfolgende Generationen leisten, und die gleichzeitig exzellente Erfolge und Erträge erbringen.

All jene, die sich angesprochen fühlen und sich ebenfalls nach Modellen und Hilfen sehnen, die Familien, Schulen und Arbeit produktiv, lebensdienlich, erfüllend und sinnvoll machen, möchte ich ermuntern: Warten hilft nicht viel. Wir müssen es selbst tun und unser Leben mitgestalten. Frei nach Mahatma Gandhi: Wir können den Wandel, den wir in der Welt sehen wollen, selbst mitgestalten. Ich bin sicher, jeder noch so kleine Schritt in diese Richtung lohnt sich. Haben Sie schon jetzt tiefsten Dank für Ihr Mittun.

Herzlichst,

Ihre 

*»Wir sind diejenigen, auf die wir immer gewartet haben.«*

Medizinmann der Navajo

# Anhang

## Praktische Umsetzungshilfen kompakt

***Macht ohne Machtwort* basiert auf folgenden Denkhaltungen oder Lebenseinstellungen:**

*»Alles was ein Mensch tut, dient dem Versuch, sich ein Bedürfnis zu erfüllen. Ärger, Vorwurf, Kritik sind tragische Weisen ein Bedürfnis auszudrücken.«*

Marshall B. Rosenberg (1934–2015), Psychologe

Alle Menschen teilen die gleichen Bedürfnisse und die Bedürfnisse aller Beteiligten sind gleichwertig.

Wenn uns etwas oder jemand interessiert, leisten wir freiwillig sehr gerne Beiträge für etwas beziehungsweise jemanden – bis zu dem Moment, wo wir müssen oder sollen.

Menschen handeln in erster Linie immer **für** ihre Bedürfnisse – **nicht** gegen andere Menschen.

Wenn Sie diese Haltungen für sich als überzeugend erachten und aus gewohnten Reaktions- und Kommunikationsmustern aussteigen wollen, weil sie Ihnen nicht mehr die Gesprächsqualitäten liefern, die Sie gerne hätten, bietet das Gesunde Kommunizieren auf Grundlage des Rosenberg Modells folgende Elemente an:

## Die vier Elemente für Ihre Selbstklärung und eine neue Gesprächsqualität

**Erstes Element: Wahrnehmen, ohne zu interpretieren**
Trennen Sie zunächst fantasievolles Kopfkino, Ängste, Unterstellungen von puren Fakten.

Was hat er/sie tatsächlich gesagt? Nicht: Was könnte er/sie damit jetzt gemeint haben?

Oder eine Unterstellung: Er/sie mag mich nicht/will mich nicht dabei haben/ernst nehmen/nimmt nur sich selbst wichtig/will sich immer durchsetzen/ist arrogant/inkompetent/unsensibel ...

Wenn Sie überhaupt erst einmal wahrnehmen, dass in Ihrem Kopf gerade Unterstellungen, Spekulationen oder Unklarheiten vorherrschen, ist ein ganz grundlegender Schritt getan. Nun können Sie nachfragen und klären, was Ihr Gesprächspartner tatsächlich gemeint hat. So führen Sie Gespräche klarer, prägnanter und direkter.

**Zweites Element: Gefühle statt Opfergedanken**
Viele Menschen gebrauchen im Alltag Worte für Gefühle, die keine Gefühle, sondern Gedanken, Unterstellungen, Vorwürfe ausdrücken – sogenannte Pseudogefühle. Leicht passiert das, wenn jemand mit folgenden Formulierungen beginnt:

- »Ich fühle mich wie ...«
- »Ich habe das Gefühl, dass ...«

Nach diesen Satzanfängen folgen meistens Pseudogefühle beziehungsweise Opfergedanken – Vorwürfe, die die Chance auf Verständigung deutlich geringer werden lassen. Der Gebrauch dieser Worte verrät, dass wir (noch) nicht bereit sind, die hundertprozentige Verantwortung für unsere Gefühle zu übernehmen, sondern noch im Vorwurfsdenken verharren und den anderen die Verantwortung für unsere Gefühle geben. Ich denke: »Du manipulierst mich«, »Die schließen mich aus« oder »Er nutzt mich aus«. Ich bin in diesen Szenarien das Opfer, der andere der Täter. Ändert er/sie sein Verhalten nicht, werde ich mich wohl weiterhin *mies* fühlen.

Doch Gefühle entstehen in uns selbst, weil Bedürfnisse erfüllt oder nicht erfüllt sind, nicht weil ein anderer etwas tut/nicht tut. Die Quelle für Zufriedenheit beziehungsweise Unzufriedenheit liegt in uns. Gefühle sind Anzeiger: Sind Bedürfnisse hungrig, also nicht erfüllt, weisen uns unsere Gefühle – wie Warnleuchten – darauf hin: Wir sind unzufrieden, traurig, angespannt, genervt, sauer.

Gefühle wie Zufriedenheit, Glücklichkeit, Unbeschwertheit, Entspanntheit, Begeisterung und so weiter zeigen an, dass die uns derzeit wichtigen Bedürfnisse gehört oder sogar erfüllt sind.

Wie verhalten Sie sich in anderen Kontexten, wenn eine Warnleuchte anzeigt, dass etwas nicht so ist, wie es sein sollte? Beispielsweise eine Öl-Kontroll- oder Warnleuchte in Ihrem Auto: Kümmern Sie sich darum, Öl nachzufüllen? Wie verantwortlich kümmern Sie sich bisher um die Kontroll- oder Warnlämpchen (Gefühle) Ihres Körpers?

**Drittes Element: Bedürfnisse**

Bedürfnisse sind hier wie folgt definiert: Es sind Werte, Ziele, Absichten, die alle Menschen miteinander teilen, unabhängig von Geschlecht, Alter, Herkunft, Hautfarbe, Bildungsstand, Lebensstil. Sie sind abstrakt und beinhalten keine Strategien oder Handlungen, an denen eine bestimmte Person beteiligt ist. Sie alle sind ehrenwert. Es gibt viele Möglichkeiten und Wege, Bedürfnisse zu nähren. Sie sind der Schlüssel für Erfüllung und Zufriedenheit, der Motor für all unsere Handlungen. Im gesunden Miteinander legen wir großen Wert darauf, die eigenen Bedürfnisse zu benennen und ernst zu nehmen, doch stellen wir sie nicht über die Bedürfnisse anderer. Wir suchen nach Strategien, die die Bedürfnisse aller berücksichtigen, statt dass ein Einzelner seine Bedürfnisse auf Kosten von anderen durchsetzt.

Weil Menschen mit allem was sie tun oder lassen, versuchen, sich ein Bedürfnis zu erfüllen – mindestens eins – nehmen Gespräche einen deutlich anderen Verlauf, wenn wir unsere Absichten, unseren guten Grund, also unser Bedürfnis, im Gespräch offen aussprechen. Wenn Beteiligte geschult sind, Bedürfnisse hinter Worten zu hören, ist dies ebenso. Konflikte werden messbar schneller und nachhaltiger gelöst.

Wenn Sie selbst ein wenig üben möchten, Bedürfnisse hinter Aussagen zu hören, finden Sie einige Beispiele zum Üben auf unserer Homepage *www.angela-dietz.de* unter »Kennenlernen« und dort im Downloadbereich. Eine Bedürfnisliste finden Sie dort, ebenso wie am Ende dieses Buches.

**Viertes Element: Konkrete Bitten**

Bitten haben enormes Potenzial, doch viele Menschen haben seit der Kindheit verlernt, Bitten konkret zu formulieren, genauso wie mit einem Nein als Antwort umzugehen. Fehlende oder unklare Bitten sind auffallend häufig der Grund für Unzufriedenheit, endlose Besprechungen, Stillstand, Spannungen oder Konflikte.

Damit Sie wissen, wovon ich spreche, folgen einige Antibeispiele von Bitten, die zu vage, zu unkonkret und nicht jetzt erfüllbar sind. Hören Sie solche Formulierungen, weiß der Sprecher nicht genau, was er/sie konkret von Ihnen möchte und Sie wissen in der Folge auch nicht, was der Sprecher jetzt genau von Ihnen erwartet. Unsicherheit, Unzufriedenheit oder längere Dialoge sind die Folge.

*»Nehmen Sie die Dinge nicht immer so persönlich.«*
*»Jetzt lassen Sie doch mal fünf gerade sein.«*
*»Ich wünsche mir mehr Teamgeist von euch.«*
*»Strengt euch bitte mehr an.« – »Engagiert euch bitte.«*
*»Räumt hier bitte mal auf.«*
*»Ich möchte, dass Sie mal sehen, was ich alles mache.«*
*»Kannst du mich bitte einmal verstehen?«*
*»Ich möchte, dass du nicht dauernd auf mir herumhackst.«*

*»Seien Sie doch bitte mal locker/geduldiger/motivierter/ achtsamer/etwas gewissenhafter …«*

Bei all diesen Bitten kann das Gegenüber vieles tun oder sagen, doch bleibt die Frage offen: Welche Handlung **genau** möchte der Sprecher vom anderen jetzt erleben?

Damit es mit dem Bitten klappt:

1. Gewinnen Sie zunächst Klarheit durch den Prozess der Selbstklärung, um eine präzise Bitte formulieren zu können.
2. Bitten sind deutlich erfolgreicher, wenn sie folgende drei Kriterien erfüllen:
   - Ist die Bitte jetzt machbar?
   - Habe ich eine konkrete **Handlung** formuliert, um die ich jemanden bitte?
   - Haben Sie positiv formuliert, was Sie möchten?

**Einige Beispiele für erfolgreiche Bitten in Ihrem Alltag:**
*»Sagst du mir bitte jetzt, was deine Befürchtungen bezüglich unserer Entscheidung sind?«*
*»Kannst du mir bitte gerade zuhören und mir danach sagen, was du verstanden hast?«*
*»Können Sie mir bitte zwei Dinge nennen, die Sie an meiner Arbeit im letzten Monat geschätzt haben?«*

*»Kannst du mir zusichern, heute Abend spätestens um 18:30 Uhr zu Hause bei den Kindern zu sein, sodass ich pünktlich weggehen kann?«*
*»Kannst du mir bitte sagen, was von dem, was ich gerade gesagt habe, wichtig für dich war?*
*»Bitte sag mir, was ich tun kann, damit du dich hier wohlfühlst.«*
*»Bist du damit einverstanden, dass jeder von uns drei Dinge nennt, die wir am anderen schätzen und drei Dinge, bei denen wir uns noch verbessern können?«*
*»Was brauchst du, damit es für dich okay ist, die Projektleitung bis Ende Oktober zu übernehmen?«*

Bitte bedenken Sie, die Bitte ist **nur** das vierte Element. In einem Konfliktfall benenne ich zuvor am besten eine prägnante Wahrnehmung, mein nicht erfülltes Bedürfnis und ein Gefühl. Diese Schritte erhöhen Ihre Chance, gehört zu werden. Manchmal brauchen Sie vielleicht nicht alle vier Elemente – das Bedürfnis ist allerdings essenziell. Erst wenn Ihr Gegenüber hört, worum es Ihnen geht und Sie hören können, welches Bedürfnis Ihrem Gesprächspartner wichtig ist, werden Sie gemeinsam tragfähige Lösungen für beide Seiten finden.

**Wahrnehmung, Gefühl, Bedürfnis, Bitten – Was habe ich von diesen vier Elementen?**

**Kürze:** Sie können mit wenigen Worten präzise und aufrichtig ansprechen, was los ist. Mit einem Bedürfnisfokus zu hören, bringt mehr Verbindung und Verstehen, gleichzeitig nutzen Sie Ihre Zeit sinnvoller.

**Kreativere Lösungen**, die für mehr Menschen passend sind. Mehr Ideen entstehen, wenn wir unsere Bedürfnisse kennen und nach Möglichkeiten suchen, diese zu erfüllen. Erst die Trennung von Bedürfnissen und Strategien erlaubt Vielfalt, höhere **Flexibilität** und macht auf Dauer vielfältigere und völlig andere Lösungen möglich – fördert Ihre Innovationskultur.

**Mehr Lebensfreude:** Klarheit und hundertprozentige Selbstverantwortung für die eigenen Gefühle helfen jedem, sich vom eigenen Jammern zu verabschieden und stattdessen sein Leben in die Hand zu nehmen.

**Größere Zufriedenheit:** Sie erhöhen Ihre Chance, deutlich öfter das zu bekommen, was Sie möchten – und das im Einklang mit den anderen. Sie werden eine andere Qualität in Gesprächen und Beziehungen pflegen wollen, ehrlicher ansprechen, was ist und hören können, was anderen wichtig ist. Sie können konkret zum Beispiel um Leichtigkeit oder Einbezogensein beziehungsweise größtmögliche Transparenz bitten – sicher fördern diese Haltung und aufrichtige Sprache eine Vertrauenskultur.

**Vorankommen:** Bedürfnisbewusstsein und klare Bitten helfen, schneller und verlässlicher an Informationen zu kommen. Beides verbessert die Verbindlichkeit im Umgang miteinander und die Beteiligten nutzen ihre Zeit produktiver. Erfolg, gesunde Abschlüsse, Abmachungen und Verträge sowie begeisterte Mitarbeiter sind die Folge.

**Höhere Lebens- und Arbeitsqualität und Wettbewerbsvorteil:** Eine Unternehmenskultur der Potenzialentfaltung zieht anspruchsvolle und qualifizierte Mitarbeiter an und die Blicke des Marktes auf sich.

# Bedürfnisse, die wir alle haben

| | | |
|---|---|---|
| **A** | Abwechslung | Aufrichtigkeit |
| | Achtsamkeit | Austausch |
| | Akzeptanz | authentisch/echt sein |
| | Anerkennung | |
| **B** | Balance von<br>• Arbeit und Freizeit<br>• Geben und Nehmen<br>• Sprechen und Hören | Bewegung |
| | | Bildung |
| | | |
| | | |
| **E** | Ehrlichkeit | Entspannung |
| | einen Beitrag leisten | Entwicklung |
| | Einfluss haben | Erfolg |
| | Einfühlung | Erholung |
| | Engagement | ernst genommen werden |
| **F** | Flexibilität | Freundschaft |
| | Freiheit | Frieden |
| | Freundlichkeit | |
| **G** | Geborgenheit | gesehen werden |
| | gefragt werden | Gesundheit |
| | gehört werden | Gleichwertigkeit |
| | Gelassenheit | glücklich sein |
| | Gemeinschaft | |

| | | |
|---|---|---|
| **H** | Harmonie | Hilfe, Entlastung |
| | Herausforderung | Humor, Freude |
| **I** | Individualität | Intimität |
| | innerer Friede | |
| **K** | Klarheit | Konzentration |
| | Kompetenz | Kraft, Nahrung, Luft |
| | Konfliktfähigkeit | Kreativität |
| | Kontakt, Nähe | |
| **L** | Lebensfreude | Lernen |
| | Leichtigkeit | Liebe, Menschlichkeit |
| **M** | Mut, wirksam sein | |
| **O** | Offenheit | Orientierung, Führung |
| | Ordnung, Struktur | |
| **P** | partnerschaftlicher Umgang | Privatsphäre |
| | persönliches Wachstum | |
| **R** | Respekt | Ruhe |
| | Rücksichtnahme | |
| **S** | Schutz | Selbstwert |
| | Selbstbestimmung | Sicherheit |
| | Selbstdisziplin | Sinnhaftigkeit |
| | Selbstvertrauen | soziales Engagement |
| | Selbstverwirklichung | Spontanität, Lebendigkeit |

| | | |
|---|---|---|
| **T** | Tatkraft | Trost |
| | Toleranz, Güte | |
| **U** | Unterstützung | |
| **V** | Verantwortung | Verständigung |
| | Verbindung | Vertrauen |
| | Vergnügen, Freude, Spaß | Vorwärtskommen |
| | Verlässlichkeit | |
| **W** | wahrgenommen werden | wissen, woran man ist |
| | Wertschätzung | Wohlfühlen |
| **Z** | Zeit effektiv nutzen | Zugehörigkeit |
| | Zeit sinnvoll nutzen | Zufriedenheit |
| | Zielstrebigkeit | Zusammenarbeit |

# Literaturgrundlagen und -empfehlungen


Bauer, Joachim: Das Gedächtnis des Körpers. Wie Beziehungen und Lebensstile unsere Gene steuern. Piper, München 2004.

Bauer, Joachim: Das kooperative Gen. Abschied vom Darwinismus. Hoffmann & Campe, Hamburg 2008.

Bauer, Joachim: Prinzip Menschlichkeit. Warum wir von Natur aus kooperieren. Hoffmann & Campe, Hamburg 2006.

Bauer, Joachim: Warum ich fühle, was du fühlst. Intuitive Kommunikation und das Geheimnis der Spiegelneuronen. Heyne, München 2006.

Beck Don E.; Christopher C. Cowan: Spiral Dynamics. Leadership, Werte und Wandel. Eine Landkarte für Business, Politik und Gesellschaft im 21. Jahrhundert. J. Kamphausen, Bielefeld 2007.

Berschneider, Werner: Sinnzentrierte Unternehmensführung. Was Viktor E. Frankl den Führungskräften der Wirtschaft zu sagen hat. Orthaus, Lindau 2003.

Blüchel, Kurt G.; Helge Sieger (Hrsg.): Krisenmanagerin Natur. Was Wirtschaft und Gesellschaft vom erfolgreichsten Unternehmen aller Zeiten lernen können. DWC Medien, München 2009.

Brüggemeier, Beate: Wertschätzende Kommunikation im Business. Wer sich öffnet, kommt weiter. Wie Sie die GFK im Berufsalltag nutzen. Junfermann, Paderborn 2010.

Bürger, Michaela: Abschied von den alten Machtritualen. Auch Chefs müssen sich an neue Umgangsformen gewöhnen. www.manager-magazin.de/unternehmen/karriere/millennials-als-berufsanfaenger-fordern-chefs-heraus-a-1044243.html#ref=rss, (abgerufen am 24.7.2015).

Czerny, Sabine: Was wir unseren Kindern in der Schule antun … und wie wir das ändern können. Südwest, München 2010.

Ansembourg, Thomas d´: Endlich ICH sein – Wie man mit anderen zusammenleben und gleichzeitig man selbst bleiben kann. Herder spektrum, Freiburg 2011.

Dietz, Angela: Gesundes Kommunizieren. Für ein erfolgreiches, wertschätzendes und menschliches Miteinander. BusinessVillage, Göttingen 2014.

Felber, Christiane: Die Gemeinwohl-Ökonomie. Eine demokratische Alternative wächst. Deuticke, Wien 2012.

Golemann, Daniel; Richard Boyatzis; Annie McKee: Emotionale Führung. Econ, Berlin 2002.

Hüther, Gerald: Etwas mehr Hirn, bitte. Eine Einladung zur Wiederentdeckung der Freude am eigenen Denken und der Lust am gemeinsamen Gestalten. Vandenhock & Ruprecht, Göttingen 2015.

Hüther, Gerald; Uli Hauser: Jedes Kind ist hochbegabt. Die angeborenen Talente unserer Kinder und was wir aus ihnen machen. Albrecht Knaus, München 2012.

Laloux, Frederic; Mike Kauschke: Reinventing Organizations. Ein Leitfaden zur Gestaltung sinnstiftender Formen der Zusammenarbeit. Vahlen, München 2015.

Maiwald, Josef; Siegfried Schrotta: Smart entscheiden! Methoden und Strategien, die Sie voranbringen: privat, beruflich, gesellschaftlich. A-bis, Holzkirchen 2015.

Matyssek, Anne Katrin: Führung und Gesundheit. Ein praktischer Ratgeber zur Förderung der psychosozialen Gesundheit im Betrieb. Books on Demand, Norderstedt 2010.

Martens, Andree: Macht in Bewegung. Führen ohne Hierarchie. In: managerSeminare, Heft 207, Seite 24–30, Bonn, Juni 2015.

McGregor, Douglas: Der Mensch im Unternehmen. (The Human Side of Enterprise). Econ, Berlin 1973.

Miyashiro, Marie R.: The Empathy Factor. Your Competitive Advantage for Personal, Team and Business Success. Puddle Dancer Press, Encinitas (CA) 2011.

Nölke, Matthias: Von Bienen und Leitwölfen. Strategien der Natur im Business nutzen. Haufe, Freiburg 2008.

Otto, Klaus-Stephan; Nolting Uwe; Bässler Christel: Evolutionsmanagement. Von der Natur lernen. Unternehmen entwickeln und langfristig steuern. Hanser, München 2006.

Paulus, Georg; Siegfried Schrotta: Systemisches Konsersieren. Der Schlüssel zum gemeinsamen Erfolg. Danke-Verlag, 2013

Prieß, Dr. med. Mirriam: Burnout kommt nicht nur von Stress. Warum wir wirklich ausbrennen – und wie wir zu uns selbst zurückfinden. Südwest, München 2013.

Robertson, Brian J.: Holacracy. The Revolutionary Management System that Abolishes Hierarchy. Portfolio Penguin, New York 2015.

Rosenberg, Marshall B.: Das können wir klären! Wie man Konflikte friedlich und wirksam lösen kann. Junfermann, Paderborn 2007.

Rosenberg, Marshall B.: Eine Sprache des Friedens sprechen in einer konfliktreichen Welt. Was Sie als nächstes sagen, wird Ihre Welt verändern. Junfermann, Paderborn 2006.

Rosenberg, Marshall B.: Erziehung, die das Leben bereichert. Gewaltfreie Kommunikation im Schulalltag. Junfermann, Paderborn 2011.

Rosenberg, Marshall B.: Gewaltfreie Kommunikation. Eine Sprache des Lebens. Junfermann, Paderborn 2012.

Rosenberg, Marshall B.: Konflikte lösen durch gewaltfreie Kommunikation. Ein Gespräch mit Gabriele Seils. Herder spektrum, Freiburg 2004.

Rust, Serena; Stefan Stutz: Wenn die Giraffe mit dem Wolf tanzt. Vier Schritte zu einer einfühlsamen Kommunikation. Koha, Burgrain 2006.

Rust, Serena: Giraffentango. Selbstbewusste Kommunikation in der Partnerschaft. Koha, Burgrain 2011.

Scharmer, C. Otto; Katrin Käufer: Von der Zukunft her führen. Von der Egosystem- zur Ökosystem-Wirtschaft. Theorie U in der Praxis. Carl Auer, Heidelberg 2014.

Schrotta, Siegfried: Wie wir klüger entscheiden. Einfach – schnell – konfliktlösend. Styria Print, Gratkorn 2011.

Semler, Ricardo: Maverick! The Success Story Behind the World´s Most Unusual Workplace. Arrow, London 1994.

Spitzer, Manfred: Lernen. Gehirnforschung und die Schule des Lebens. Spektrum Akademischer Verlag, Heidelberg 2006.

Strelecky, John: The Big Five for Life. Was wirklich zählt im Leben. dtv, München 2009.

Thich Nhat Hanh: Das Wunder der Achtsamkeit. Einführung in die Meditation. Theseus, Berlin 2009.

Williamson, Marianne: Rückkehr zur Liebe. Harmonie, Lebenssinn und Glück durch »Ein Kurs in Wundern«. Goldmann, München 1993.

# Über die Autorin

Angela Dietz ist die Expertin für Gesundes Kommunizieren und Führen. Die Biologin der Kommunikation ist Gründerin von MENSCHLICH ERFOLGREICH – dem Beratungsunternehmen zur Entwicklung eines neuen Miteinanders. Seit über zwölf Jahren berät sie namhafte Unternehmen und bildet Manager, Mitarbeiter, Lehrer, Ärzte und Privatpersonen im Gesunden Kommunizieren und Führen auf Grundlage der Gewaltfreien Kommunikation aus.

**Kontakt:**


Internet: www.angela-dietz.de

E-Mail: post@menschlich-erfolgreich.de

Das Team von MENSCHLICH ERFOLGREICH bietet Ihnen langjährige Erfahrung und Know-how bei der Beratung, Planung und Durchführung von Entwicklungs- und Veränderungsprozessen in Organisationen, Unternehmen, Schulen und persönlichen Beziehungen. Angela Dietz und ihr Team coachen begleitend und trainieren professionell inhouse, in Ihrem Unternehmen, an besonderen Orten in der Natur oder in den eigenen Räumen. Ob Management, Führungskräfte, Mitarbeiter, Lehrer, Mütter, Väter, Familien, Paare oder Einzelpersonen – seit vielen Jahren nutzen sie die begehrte Jahresakademie »Gesundes Kommunizieren und Führen« auf Grundlage der GFK nach Marshall Rosenberg, um sich Schritt für Schritt auf den ganz persönlichen Weg der Potenzialentfaltung – hin zu mehr Lebens- und Beziehungsqualität – beruflich, wie privat, zu machen.

Sollten Sie für Ihr Event, Ihren Kongress oder Ihre nächste Veranstaltung Interesse an einem eindrucksvollen Vortrag haben, buchen Sie Angela Dietz als professionelle Speakerin.

Mehr Informationen finden Sie unter: www.angela-dietz.de

# Das Super-Buch

**Das Superbuch**
1. Auflage 2014

110 Seiten; 8,90 Euro
ISBN 978-3-86980-267-1; Art.-Nr.: 946

Das neue Flex-Cover mit seiner außergewöhnlichen Oberfläche in Lederoptik und seiner Wave-Struktur macht das neue SUPER-BUCH sichtbar und fühlbar hochwertig. Mit einem perfekten Design und dem durchdachten System gibt es Ihren Ideen, Projekten und Gedanken Raum und beendet das Zettelchaos auf Ihrem Schreibtisch. Notizen, Aufgaben, Ideen ... zentral an einem Ort – stilvoll und elegant.

Das SUPER-BUCH ist Ihr »Speicher« für Ideen, Projekte, Telefonnummern, Reminder, nützliche Gedanken, Notizen ... all das, was sonst auf vielen kleinen Zetteln auf dem Schreibtisch verloren geht.

**Experten empfehlen Super Bücher**
Viele Experten empfehlen Super-Bücher, um endlich mehr Ordnung und System auf den Schreibtisch und in den Kopf zu bekommen. Doch diese Empfehlungen haben einen entscheidenden Nachteil: Sie sind nur Bauanleitungen, wie man sich aus einem x-beliebigen Notizbuch sein Super-Buch bauen kann. Doch der Eigenbau kostet Zeit, erfordert einiges an Geschick und das Ergebnis ist oft alles andere als optimal.

Deshalb haben wir die besten Ideen aus diesen Anleitungen und unsere praktischen Erfahrungen in das SUPER-BUCH einfließen lassen. Ohne großen Aufwand kommen Sie jetzt zu Ihrem fertigen SUPER-BUCH und können dieses ganz nach Ihren persönlichen Bedürfnissen modifizieren und weiterentwickeln.

**www.BusinessVillage.de**